Mario Gonzalo Mayorga Román
Yunys Pérez Betancourt

Química

Mario Gonzalo Mayorga Román
Yunys Pérez Betancourt

Química

Primero de Bachillerato

Editorial Académica Española

Imprint

Any brand names and product names mentioned in this book are subject to trademark, brand or patent protection and are trademarks or registered trademarks of their respective holders. The use of brand names, product names, common names, trade names, product descriptions etc. even without a particular marking in this work is in no way to be construed to mean that such names may be regarded as unrestricted in respect of trademark and brand protection legislation and could thus be used by anyone.

Cover image: www.ingimage.com

Publisher:
Editorial Académica Española
is a trademark of
Dodo Books Indian Ocean Ltd. and OmniScriptum S.R.L publishing group

120 High Road, East Finchley, London, N2 9ED, United Kingdom
Str. Armeneasca 28/1, office 1, Chisinau MD-2012, Republic of Moldova, Europe
Printed at: see last page
ISBN: 978-613-9-44029-0

QUÍMICA
PRIMERO DE BACHILLERATO

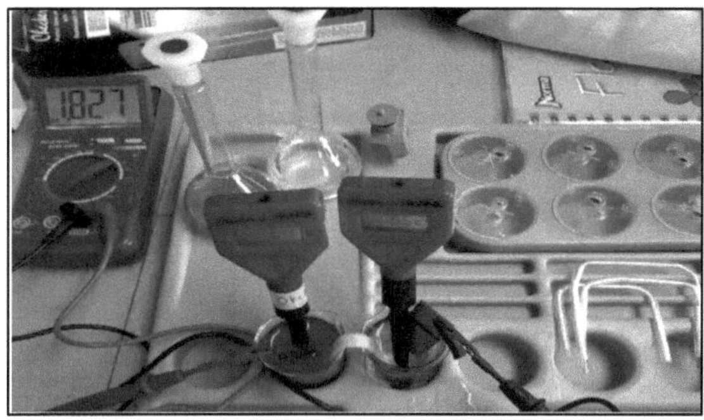

El texto de Química plantea como objetivo desarrollar en los estudiantes destrezas que permitan construir su propio conocimiento y lograr desempeños auténticos que les permita entender el mundo a su alrededor, involucrarse y actuar sobre él, teniendo claro las características, fenómenos, propiedades físicas y químicas de sustancias y compuestos.

Se considera a los factores de conversión o factores unidad y al análisis dimensional como la herramienta básica para resolver ejercicios, con la finalidad de potenciar el análisis numérico básico en los estudiantes. Es así como se propone a lo largo del texto, en la resolución de diferentes ejercicios la aplicación de una metodología basada en el análisis dimensional mediada por el razonamiento verbal para resolver ejercicios de química. El estudiante debe identificar del ejercicio, el dato problema y la pregunta, siendo esto un reto a superar y sinónimo de éxito en la resolución de los ejercicios

La Química está presente en todo nuestro alrededor, los invito a pensar en un material, proceso, fenómeno, en el que no se aborde un tema relacionado con la Química. En anatomía, el tema de huesos trae implícito al elemento Calcio (Ca), al considerar a los plásticos como un gran aliado de la industria actual y uno de los grandes enemigos del planeta, es imposible no abordar el tema de polímeros (C e H), la celdas voltaicas y electrolíticas están íntimamente relacionadas con elementos químicos como agentes oxidantes y reductores, en fin, hablar de Química es hablar de la naturaleza y su relación con el hombre.

Ing. Mayorga-Román. M.G.   Dr. Pérez-Betancourt Y.

ÍNDICE GENERAL

3

El hombre en su diario vivir se encuentra relacionado de forma directa con la Química, no se trata solamente de experimentos en sofisticados laboratorios, por el contrario, la Química como ciencia central está presente en el accionar diario y muchas veces no hay conciencia del papel fundamental que ésta tiene en la vida del hombre (Bonilla, 2020). La Química General estudia la composición, estructura y propiedades de la materia, así como los cambios que ésta experimenta y la energía involucrada en las reacciones químicas. La Química Inorgánica estudia los elementos químicos, sus propiedades físicas y químicas. La Petroquímica estudia el petróleo y sus procesos. Existen varios ejemplos en los que se puede observar la importancia de la química y su relación en la vida diaria del ser humano.

Los automóviles y la química están relacionados. ¿Cómo puede ser posible esto?:

- La gasolina, mezcla de hidrocarburos alifáticos obtenida del petróleo por destilación fraccionada es utiliza como combustible en motores de combustión interna, proceso necesario para la movilización del automóvil.
- La combustión en el motor del automóvil, guarda una relación estequiométrica de acuerdo a una ecuación química entre el combustible y comburente, por cada parte de gasolina habrá 14.8 partes de aire (que proporciona oxígeno).
- Las partes niqueladas de un automóvil producto de un proceso electrolítico (electroquímica) tiene como finalidad la protección contra la corrosión de las partes expuestas a agentes oxidantes.
- El funcionamiento de las baterías de automóviles que permiten obtener voltaje, se fundamenta en reacciones químicas de oxidación y reducción.
- Los lubricantes, refrigerantes, deben tener densidades, viscosidades, puntos de fusión, puntos de ebullición, determinados para desarrollar su función de forma eficiente.

Las personas están formadas por compuestos y elementos químicos básicos como el Carbono (C), Hidrógeno (H), Oxígeno (O), Nitrógeno (N),

Calcio (Ca), Fósforo (P), Azufre (S), Potasio (K), Sodio (Na), Magnesio (Mg), entre otros; al ingerir alimentos que contienen estas sustancias y combinarse entre sí, se proporciona de energía al cuerpo y permite tener la fuerza suficiente para moverse y realizar todas las actividades diarias, ésta característica debe ser conceptualizada como el resultado de un proceso bioquímico.

Los ácidos, bases y sus sales correspondientes están presentes en el diario vivir, contribuyendo en la salud personal, alimentación, vivienda, vestimenta. Ejemplo: los cereales poseen Calcio en forma de Carbonato de Calcio ($CaCO_3$), El Sulfito de Sodio ($NaSO_3$) se encuentra como conservante de frutas y vegetales, los embutidos potencian su color rojo debido al Nitrato de Sodio, ($NaNO_3$), El Ácido Fosfórico (H_3PO_4) es utilizado en odontología como parte del tratamiento para curar los dientes, la solución de Hipoclorito de Sodio (NaClO) es solicitado en los supermercados con el nombre de Cloro, en realidad es una solución acuosa de la sal ternaria.

Así se podría seguir citando más ejemplos de la Química y su relación con el ser humano, pero es importante concientizar a los estudiantes sobre la importancia de la Química, para entender el mundo que los rodea y actuar como agentes constructivos de cambio o proponedores de alternativas de solución a eventos cotidianos. La Química debe proporcionar aprendizajes que permitan explicar fenómenos diarios y ser la base de desempeños auténticos.

Se debe dejar el miedo al estudio de la Química y observarla como una ciencia presente en el diario vivir y en cada acción que se realiza, por lo cual es necesario conocerla y manejar sus conceptos básicos.

Aprendizaje autónomo

Responda a las preguntas planteadas después de leer sobre la importancia de la Química.

1. Indague y profundice sus conocimientos

a. Realice un organizador gráfico sobre la clasificación de la Química.

b. Consulte las etiquetas de algunos productos de tu hogar, copia los nombres y fórmulas de 5 compuestos químicos que aparezcan en ellas.

c. Escriba la importancia de la Química en su vida diaria.

d. Escriba cuál es el proceso y principio físico que se explica en el siguiente enunciado

La destilación fraccionada es un proceso físico que emula la técnica de destilación simple, tomando como base el punto de ebullición de las especies y empleándose para separar mezclas de tipo homogéneo de varias sustancias que se encuentren en fase líquida o mezclas heterogéneas de tipo líquido-sólido no volátil.

EL ÁTOMO COMO UNIDAD FUNDAMENTAL DE LA MATERIA

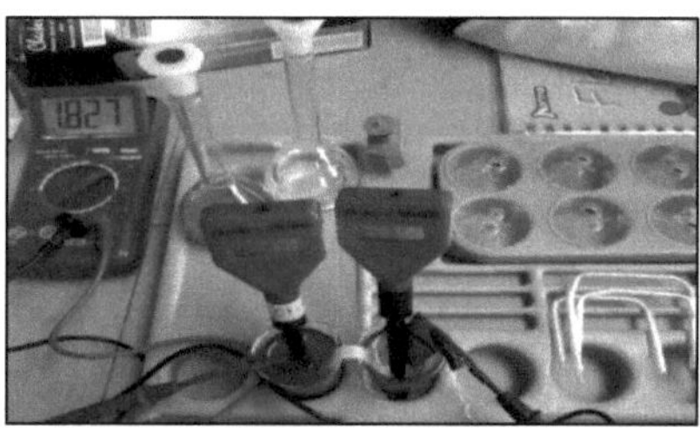

Objetivo general del área de Ciencias Naturales

OG.CN.1. Desarrollar habilidades de pensamiento científico con el fin de lograr flexibilidad intelectual, espíritu indagador y pensamiento crítico; demostrar curiosidad por explorar el medio que les rodea y valorar la naturaleza como resultado de la comprensión de las interacciones entre los seres vivos y el ambiente físico.

Objetivos específicos de la Química para el nivel de bachillerato

O.CN.Q.5.3. Interpretar la estructura atómica y molecular, desarrollar configuraciones electrónicas y explicar su valor predictivo en el estudio de las propiedades químicas de los elementos y compuestos, impulsando un trabajo colaborativo, ético y honesto.

O.CN.Q.5.4. Reconocer, a partir de la curiosidad intelectual y la indagación, los factores que dan origen a las transformaciones de la materia, comprender que esta se conserva y proceder con respeto hacia la naturaleza para evidenciar los cambios de estado.

Objetivos de la Unidad

1. Identificar las propiedades y cambios de estado de la materia mediante ejemplos de la vida cotidiana
2. Analizar las diferentes teorías atómicas
3. Aplicar el modelo de la mecánica cuántica en la distribución electrónica de los átomos
4. Utilizar el método del factor de conversión en la resolución de ejercicios de transformación de unidades de masa, volumen y presión.

Ing. Mayorga-Román. M.G.   Dr. Pérez-Betancourt Y.

CN.Q.5.1.3. Observar y comparar la teoría de Bohr con las teorías atómicas de Demócrito, Dalton, Thompson y Rutherford.

Materia

Es el componente principal de los cuerpos, es sujeto de adoptar diferentes formas y sufrir cambios. Se caracteriza por un conjunto de propiedades físicas o químicas, capaces de ser medibles

Clasificación de la materia

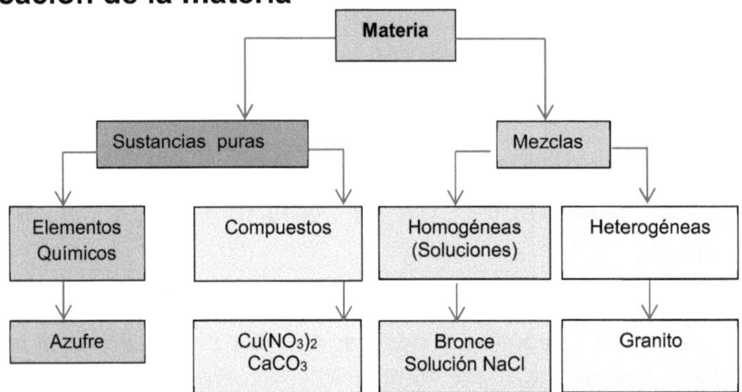

Figura 1.1. Clasificación de la materia

Propiedades de la materia

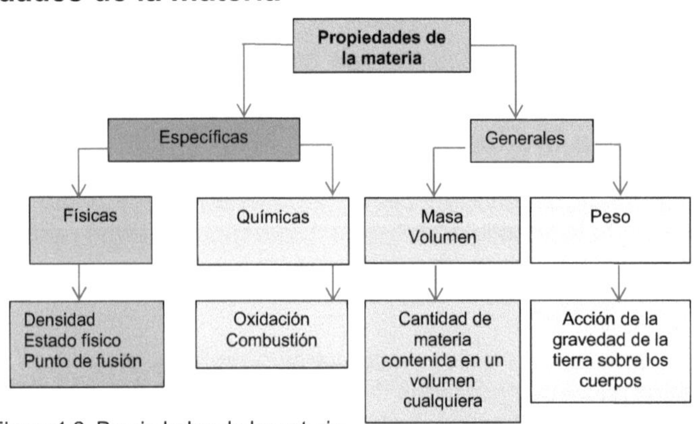

Figura 1.2. Propiedades de la materia

Ing. Mayorga-Román. M.G.   Dr. Pérez-Betancourt Y.

•**Propiedades generales,** son las propiedades que presenta todo cuerpo sin excepción e independiente de su estado físico.

•**Propiedades específicas,** son las propiedades particulares que caracterizan a cada sustancia; permiten su identificación. Las propiedades específicas pueden ser químicas o físicas dependiendo si se manifiestan con o sin alteración en su composición interna o molecular.

•**Propiedades Físicas:** son aquellas propiedades que no afectan la composición interna de la materia. Ejemplo: densidad, estado físico (solido, líquido, gaseoso), propiedades organolépticas (color, olor, sabor), temperatura de ebullición, punto de fusión, solubilidad, dureza, conductividad eléctrica, conductividad calorífica, calor latente de fusión. Las propiedades físicas pueden ser extensivas o intensivas.

•**Propiedades Extensivas**: el valor medido de estas propiedades depende de la masa. Ejemplo: inercia, peso, área, volumen, presión de gas, calor ganado y perdido.

•**Propiedades Intensivas**: el valor medido de estas propiedades no depende de la masa. Por ejemplo: densidad, temperatura de ebullición, color, olor, sabor, calor latente de fusión, reactividad, energía de ionización, electronegatividad.

•**Propiedades Químicas:** son aquellas propiedades que se manifiestan al alterar la estructura interna cuando interactúan con otras sustancias. Ejemplo: Reactividad Química, Combustión, Oxidación, Reducción

Cambios físicos de la materia

Los cambios de estado físico están determinados por la presión y temperatura.

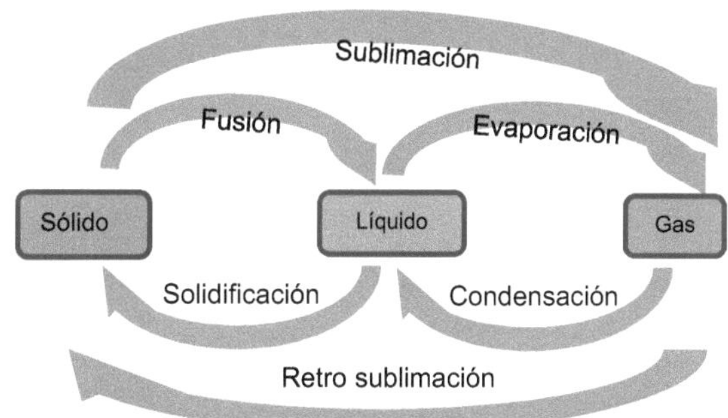

Figura 1.3. Cambios físicos de la materia

Ing. Mayorga-Román. M.G.   Dr. Pérez-Betancourt Y.

Unidades de Medida

En química se abordan unidades de medida de masa, peso, volumen, energía y temperatura.

Materia: es todo lo que tiene masa y ocupa un lugar en el espacio

Masa: es una medida de la cantidad de materia

Los términos, masa y peso son utilizados como iguales o sinónimos por lo que es necesario diferenciarlos. La **masa** de un cuerpo es una propiedad característica del mismo, que está relacionada con el número y clase de las partículas que lo forman. Se mide en unidades de masa, ejemplo: kilogramos (kg), gramos (g), libras (l), toneladas (Tn), miligramos (mg), entre otros. El **peso** de un cuerpo es la fuerza con que la Tierra lo atrae y depende de la masa del mismo, existe una relación directamente proporcional, a mayor masa mayor peso. Se mide en Newton (N), kg-fuerza, dinas, libras-fuerza, onzas-fuerza, entre otras.

Energía: es la capacidad de realizar un trabajo o transferir calor. Puede clasificarse en dos tipos principales: energía cinética y energía potencial. Existen algunas formas de energía, a saber: calorífica, mecánica, eléctrica, térmica, entre otras.

Temperatura: es una propiedad de la materia que está relacionada con la sensación de calor o frío que se siente en contacto con ella, no se debe confundir la temperatura con el calor.

Cuando dos cuerpos, que se encuentran a diferentes temperaturas, se ponen en contacto, se producen una transferencia de energía, en forma de calor, desde el cuerpo caliente al frío, esto ocurre hasta que las temperaturas de ambos cuerpos se igualan. En este sentido, la temperatura es un indicador de la dirección que toma la energía en su tránsito de unos cuerpos a otros.

Presión: es la fuerza que se aplica a una unidad de área. Instrumentos como el barómetro o manómetro son utilizados para obtener valores de presión. La Unidad en el Sistema Internacional (SI) es el pascal, Pa.

Volumen: es una magnitud definida como el espacio ocupado por un cuerpo y, como tal, tiene una amplia aplicación en Química, sus equivalencias son necesarias, principalmente cuando se aborda el tema de gases, soluciones y Estequiometria Redox.

La unidad fundamental de volumen en el Sistema Internacional (S.I.) es el metro cúbico (m^3) que equivale a mil litros (1000 L). En química las unidades más utilizadas en el laboratorio son el litro (L), mililitro (mL), centímetro cúbico (cm^3).

Tabla 1.1. Equivalencias de unidades de masa y volumen

Masa/peso	
1 (Kg) Kilogramo	=1000 (g) gramos
1 (Kg)Kilogramo	=2,204 (lb) libras
1 (lb) libra	=16 (oz) onzas
1 (lb) libra	=453,59 (g) gramos
1 (g) gramo	=1000(mg) miligramos
Volumen	
1 (m^3) metro cúbico	=1000 (L) litros
1 (L) litro	=1000 (ml) mililitros
1 (L) litro	=1000 (cm^3) centímetro cúbico
1 (cm^3) centímetro cúbico	=1 (ml) mililitro agua
1 (gal) galón	=3,785 (L) litros

Factores de conversión, método del factor unitario

Factor unitario

Es llamado factor de conversión o de unidad, es una fracción en la que el numerador y el denominador son cantidades iguales expresadas en unidades de medida distintas. El método del factor unitario tiene ventaja sobre las reglas de tres al permitir realizar diferentes transformaciones de manera rápida, al mismo tiempo y de forma lineal.

Procedimiento para resolver ejercicios utilizando el factor unitario:

a. Identificar y escribir dato problema.
b. Identificar y escribir la pregunta.
c. Escribir el factor unidad tomando en cuenta las unidades del dato problema y la pregunta.
d. Iniciar la resolución del ejercicio colocando al inicio el dato problema.

Tabla 1.2. Ejemplos de factores de conversión

longitud	masa	Volumen
$\dfrac{1\ m}{100\ cm}$	$\dfrac{1\ Kg}{1000\ g}$	$\dfrac{1\ m^3}{1000\ L}$
$\dfrac{1\ Km}{1000\ m}$	$\dfrac{1\ lb}{454\ g}$	$\dfrac{1\ L}{1000\ ml}$
$\dfrac{1\ dm}{10\ cm}$	$\dfrac{1\ g}{1000\ mg}$	$\dfrac{1\ gal}{3.785\ L}$

Una de las características del factor de conversión radica en el hecho de que se lo puede utilizar escrito de dos formas posibles. Considerando los factores escritos con anterioridad, se deduce:

$$\frac{1\ Kg}{1000\ g} \qquad o \qquad \frac{1000\ g}{1\ Kg}$$

El uso del factor de conversión depende de las unidades del dato problema y de las unidades de la pregunta.

Ejemplo: Transformar 5 m a Km

Forma Correcta:

$$5\ m * \frac{1\ Km}{1000\ m} = 5 \times 10^{-3}\ Km$$

Forma Incorrecta:

$$5\ m * \frac{1000\ m}{1\ Km} = Error\ de\ cálculo$$

Aprendizaje autónomo

1. Escriba la diferencia entre masa y peso

____

2. Explique la diferencia entre elemento y compuesto, utilice un ejemplo

____

3. ¿Qué factores determinan que una sustancia cambie de estado físico?

____

4. Escriba su definición de átomo

Ing. Mayorga-Román. M.G.   Dr. Pérez-Betancourt Y.

5. Utilizando los factores de conversión transforme:
   a. 15 onzas a Kg,

   b. 500 ml a galones,

   c. 10 metros a Km

CN.Q.5.1.3. Observar y comparar la teoría de Bohr con las teorías atómicas de Demócrito, Dalton, Thompson y Rutherford.

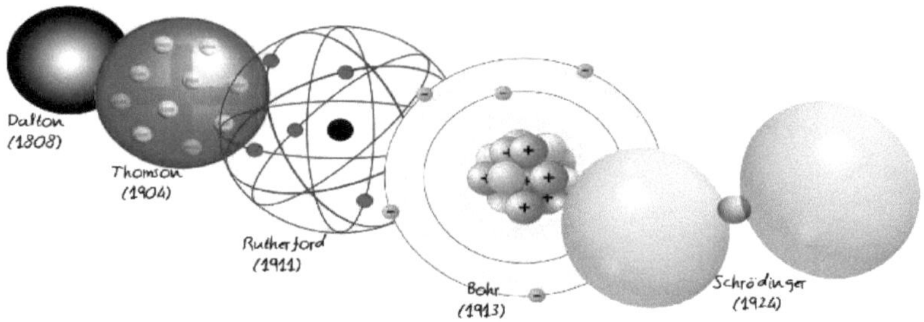

Figura 1.4 Modelos atómicos

Teoría de Demócrito

DEMÓCRITO fue un griego que vivió desde el 460 A.C. hasta el 370 A.C. pensaba que, si se parte a la mitad muchas veces una porción de materia, llegaría un momento en el que ya no se podría dividir en partes más pequeñas, a esta parte más pequeña la llamo átomos, que significa sin división.

Teoría atómica de Dalton

En 1808, propone al átomo como minúsculas partículas esféricas, indivisibles e inmutables, iguales entre sí en cada elemento químico.

Dalton en 1808, reinterpreta las leyes ponderales basándose en el concepto de átomo. Establece los siguientes postulados, partiendo de la idea de que la materia es discontinua:

- Los elementos están constituidos por átomos consistentes en partículas materiales separadas e indestructibles;
- Los átomos de un mismo elemento son iguales en masa y en todas las demás cualidades.
- Los átomos de los distintos elementos tienen diferentes masa y propiedades

•Los compuestos se forman por la unión de átomos de los correspondientes elementos en una relación numérica sencilla. Los átomos de un determinado compuesto son a su vez idénticos en masa y en todas sus otras propiedades.

Los postulados de Dalton permiten explicar fácilmente las leyes ponderales de las combinaciones químicas, ya que la composición en peso de un determinado compuesto viene determinada por el número y peso de los átomos elementales que integran el compuesto.

Ley de la conservación de la materia

Por ser los átomos indivisibles e indestructibles los cambios químicos han de consistir únicamente en un reagrupamiento de átomos y, por tanto, no puede haber variación alguna de masa al no variar el número de átomos presentes.

Ley de las proporciones múltiples

Si dos elementos se unen en varias proporciones para formar distintos compuestos, quiere decir que sus átomos se unen en relaciones numéricas diferentes. Si un átomo del elemento A se une con uno y con dos átomos del elemento B, se comprende que la relación en peso de las cantidades de este elemento (uno y dos átomos) que se unen con una misma cantidad de aquél (un átomo) esté en relación de 1:2. Si los átomos de los elementos A y B se unen en otras cualesquiera relaciones numéricas, siempre de números enteros sencillos, se encontrará igualmente una relación sencilla entre las cantidades de uno de los elementos que se unen con una cantidad determinada del otro elemento.

Ley de las proporciones recíprocas.

Si suponemos que los elementos se uniesen siempre en la relación atómica 1:1, la ley de las proporciones recíprocas no sólo sería evidente, sino que los pesos de combinación serían a su vez los pesos atómicos. Aunque los elementos se unen en relaciones atómicas diferentes, 1:2, 1:3, 2:3, puede fácilmente calcularse que las cantidades en peso de distintos elementos que se unen con una cantidad fija de un elemento dado han de estar en relación sencilla con sus respectivos pesos atómicos y que dichas cantidades, multiplicadas necesariamente en todo caso por números enteros sencillos, han de ser las que se combinen entre sí en las correspondientes combinaciones mutuas.

Teoría de Thomson, modelo del "budín de pasas" (1856-1940), realizo varios experimentos con tubos de rayos catódicos.

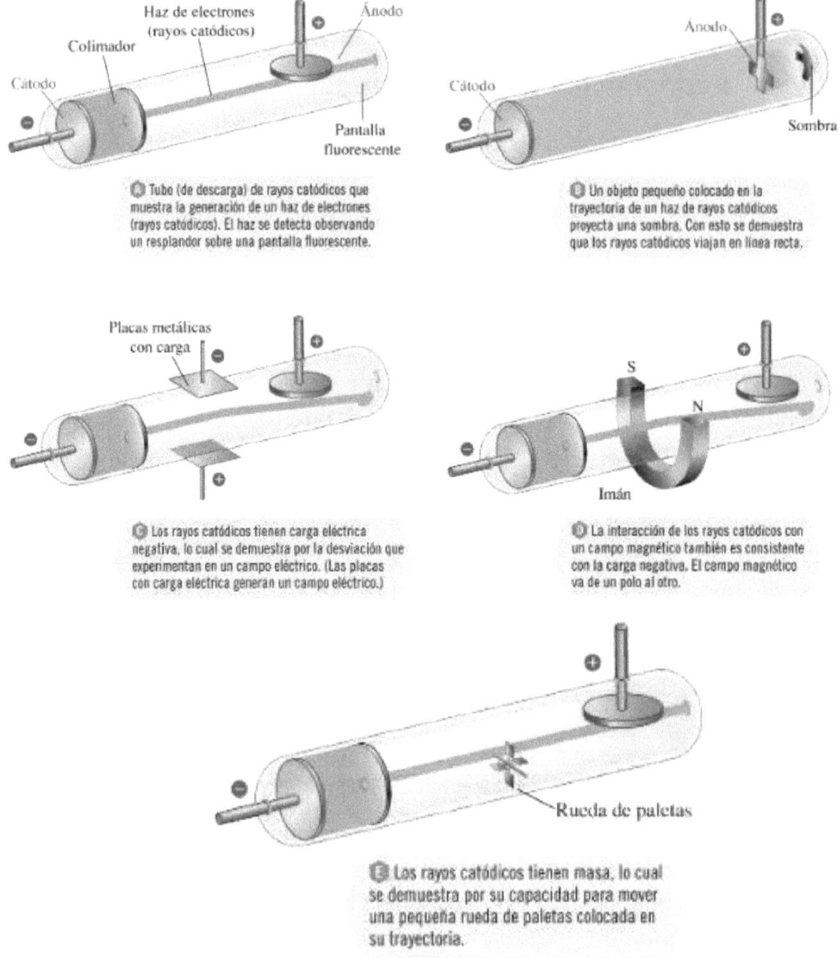

Figura 1.5 Experimentos con rayos catódicos. Tomado de Química de Whitten, K.

Ing. Mayorga-Román. M.G.   Dr. Pérez-Betancourt Y.

En la figura 1.5, tomado de (Whitten, 2014). En un tubo de vidrio cerrado, del cual se había sacado el aire y que contenía un gas a muy baja presión y dos electrodos, se aplicó un alto voltaje. Cuando fluye la corriente; el cátodo (electrodo negativo) emite rayos hacia el ánodo (electrodo positivo) y si se coloca un objeto en la trayectoria de los rayos catódico se proyecta una sombra sobre una pantalla fluorescente que contiene Sulfuro de Zinc cerca del ánodo. La sombra muestra que los rayos viajan del cátodo con carga negativa al ánodo con carga positiva, por lo que se dedujo que los rayos deben tener carga negativa, Thomson les dio el nombre de electrones.

Cuando se acerca un imán a los rayos catódicos, el haz de luz es atraído al polo positivo, desviándose la dirección del haz de luz. Thomson calculo la relación entre la carga del electrón (e) y su masa (m), cuyo valor es:

$$\frac{e}{m} = \frac{1,75882 \; x10^8 coulomb \; (C)}{gramo}$$

Teoría de Rutherford (1871-1937) en función de los estudios realizados por Thomson se pregunta: ¿Cómo estaban distribuidas las cargas positivas y negativas que se habían descubierto?

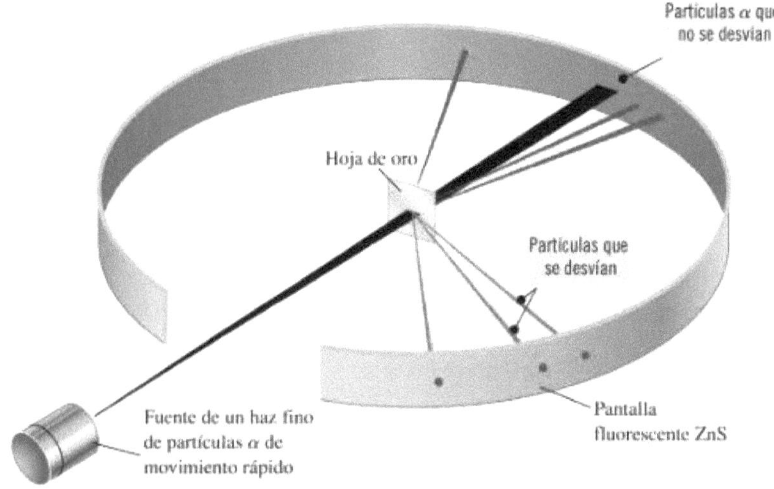

Figura 1.6 Experimento de dispersión. Tomado de Química de Whitten, K

Rutherford realizó su experimento de dispersión de un haz fino de partículas α de una fuente radiactiva y las dirigió a una hoja de oro muy delgada, se

17

observó que casi todas las partículas atravesaban la lámina de oro, algunas se dispersaban con ángulos pequeños y solo un mínimo porcentaje (0,001%) se desviaron totalmente, llegando a la conclusión que los átomos poseen un núcleo diminuto muy denso con carga positiva rodeada de electrones a distancias alejadas del núcleo

Teoría de Bohr (1885-1962) escribió ecuaciones que describían al electrón del átomo de hidrógeno girando alrededor del núcleo en orbitas circulare, además el supuesto de que la energía electrónica esta *cuantizada*, es decir, que solo son posibles ciertos valores de energía *cuantizada*, dejando ver que los electrones ocupan ciertos espacios alrededor del núcleo y que pueden absorber y emitir energía al saltar de un espacio a otro, estos espacios con conocidos como orbitales.

Aprendizaje autónomo

1. Escriba la diferencia entre el modelo de Thomson y el de Rutherford

____

2. Escribir los aportes que realizo cada investigador a la teoría atómica

Dalton	Thomson	Rutherford	Bohr

3. Defina electrones y protones

____

4. Escriba Verdadero (V) o Falso (F) según corresponda
   a. El experimento de Rutherford utilizó una fuente de partículas (   ) alfa
   b. El modelo de Thomson estableció la relación carga y masa (   ) del electrón
   c. El modelo de Bohr se caracteriza por definir orbitales de (   ) energía
   d. El modelo de Dalton es conocido como "budín de pasas" (   )

Ing. Mayorga-Román. M.G.   Dr. Pérez-Betancourt Y.

EL ÁTOMO, MODELO ATÓMICO ACTUAL

CN.Q.5.1.4. Deducir y comunicar que la teoría de Bohr del átomo de hidrógeno explica la estructura lineal de los espectros de los elementos químicos, partiendo de la observación, comparación y aplicación de los espectros de absorción y emisión con información obtenida a partir de las TIC.

Estructura Atómica

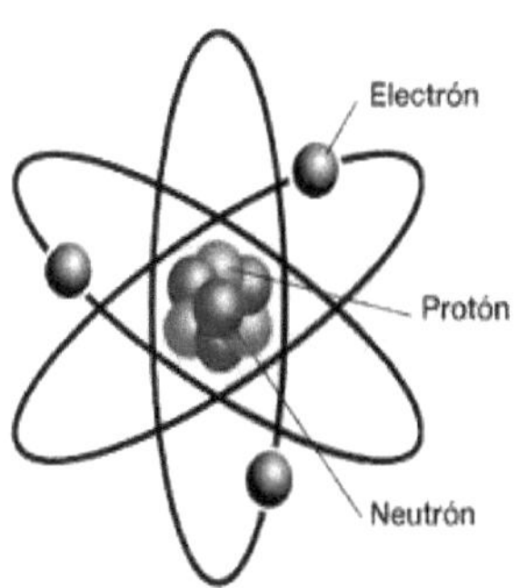

En la figura 1.7, tomada de (OEA, 2018), el átomo se distingue dos partes: el núcleo y la corteza o envoltura

Núcleo, es la parte central del átomo y contiene partículas con carga positiva, los protones (p^+) y partículas sin carga eléctrica, llamadas neutrones (n^0). La masa de un protón es aproximadamente igual a la de un neutrón.

Figura 1.7 Estructura atómica. Tomado de OEA, 2018

Corteza, es la parte que rodea al núcleo y contiene a los electrones, partículas con carga eléctrica negativa (e^-), en diferentes niveles, subniveles, orbitales de energía.

Los átomos son eléctricamente neutros (igual cantidad de cargas positivas y negativas). Todos los átomos de un elemento químico tienen en el núcleo el mismo número de protones. Este número, que caracteriza a cada elemento y lo distingue de los demás (Briand & Vetere, 2022).

Tabla 1.3. Carga y masa del electrón, protón y neutrón

Partícula	Carga (C)	Masa (Kg)
Electrón (e)	- $1,602 \times 10^{-19}$	$9,10 \times 10^{-31}$
Protón (p)	+ $1,602 \times 10^{-19}$	$1,67 \times 10^{-27}$
Neutrón (n)	0	$1,67 \times 10^{-27}$

Ing. Mayorga-Román. M.G.   Dr. Pérez-Betancourt Y.

Constantes del átomo: Cuando se trata de átomos, se debe considerar dos constantes:

Número atómico (Z), ésta constante proporciona la siguiente información:
- La posición del elemento en la tabla periódica.
- La cantidad de electrones que posee el átomo girando alrededor del núcleo.
- Al considerar que todo átomo es neutro, también indicará la cantidad de protones que tiene el átomo.

Número másico (A), La mayor cantidad de masa que posee el átomo se encuentra en el núcleo, el número másico viene dado por la suma de los protones y neutrones que se encuentran en el núcleo del átomo

$$A = Protones + Neutrones$$

$$Protones = Z$$

$$A = Z + N$$

$$N = A - Z$$

De forma gráfica, el número másico se denota:

$$_{Z}E^{A}$$

Dónde:
E: símbolo del elemento químico
A: número másico
Z: número atómico

Ejemplos:

$_{11}Na^{23}$	$_{17}Cl^{35}$
Z: 11	Z: 17
A: 23	A: 35
N: 22	N: 18
El átomo de Sodio se encuentra en la posición 11 de la tabla periódica	El átomo de Cloro se encuentra en la posición 17 de la tabla periódica
Posee 11 electrones girando alrededor del núcleo y 11 protones en su núcleo	Posee 17 electrones girando alrededor del núcleo y 17 protones en su núcleo
Posee 22 neutros en su núcleo	Posee 18 neutros en su núcleo

La mecánica cuántica moderna

En 1925, es el resultado del conjunto de trabajos realizados por Heisenberg, Schrödinger, Born, Dirac y otros. Explica de forma satisfactoria la constitución atómica y fenómenos fisicoquímicos que ocurren en el átomo.

La mecánica cuántica se basa en la teoría de Planck, y toma como punto de partida la dualidad onda-corpúsculo de Louis De Broglie y el principio de incertidumbre de Heisenberg.

Establece que un electrón atómico sólo puede ocupar determinados niveles de energía, cada nivel posee uno o más subniveles de energía. El primer nivel de energía principal, n =1, posee un subnivel; el segundo posee dos, el tercero tres y así de forma sucesiva. Un electrón en un subnivel de energía dado se mueve, aunque la mayor parte del tiempo se encuentra en una región del espacio más o menos definida, llamada orbital. Los orbitales se nombran igual que su subnivel de energía correspondiente.

La mecánica cuántica maneja funciones de onda que se denominan números cuánticos: principal, **(n)**, secundario **(l)**, magnético **(m)**, spin **(s)**; estos números describen el tamaño, la forma y la orientación en el espacio de los orbitales en un átomo.

- El número cuántico principal **(n)** describe el tamaño del orbital, por ejemplo: los orbitales para los cuales n=2 son más grandes que aquellos para los cuales n=1. Puede tomar cualquier valor entero empezando desde 1.

$$
\begin{array}{cccccccc}
n & 1 & 2 & 3 & 4 & 5 & 6 & 7 \\
  & K & L & M & N & O & P & Q
\end{array}
$$

- El número cuántico secundario **(l)** describe la forma del orbital atómico. Puede tomar los valores naturales desde 0 hasta n-1 (n es el valor del número cuántico principal). Se designa a los orbitales atómicos en función del valor del número cuántico secundario, l, como:
    - l = 0   orbital s (sharp)
    - l = 1   orbital p (principal)
    - l = 2   orbital d (diffuse)
    - l = 3   orbital f (fundamental)

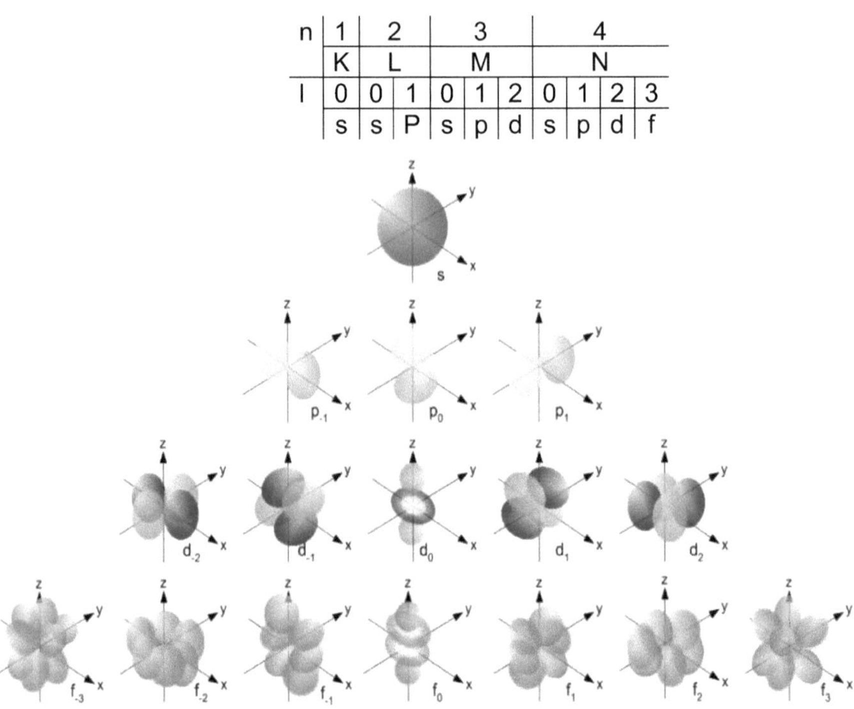

n	1	2	3	4
	K	L	M	N
l	0	0	1	0	1	2	0	1	2	3
	s	s	P	s	p	d	s	p	d	f

Figura 1.8. Número cuántico secundario

- El número cuántico magnético **(m)**, determina la orientación espacial del orbital. Se denomina magnético porque esta orientación espacial se acostumbra a definir en relación a un campo magnético externo. Puede tomar valores enteros desde -l hasta +l pasando por cero.

n	1	2				3									4															
	K	L				M									N															
l	0	0	1			0	1			2					0	1			2					3						
	s	s	p			s	p			d					s	p			d					f						
m	0	0	-1	0	1	0	-1	0	1	-2	-1	0	1	2	0	-1	0	1	-2	-1	0	1	2	-3	-2	-1	0	1	2	3
	s	s	px	py	pz	s	px	py	pz	dv	dw	dx	dy	dz	s	px	py	pz	dv	dw	dx	dy	dz	ft	fu	fv	fw	fx	fy	fz

Figura1.8. Número cuántico magnético

Ing. Mayorga-Román. M.G.   Dr. Pérez-Betancourt Y.

- El número cuántico de espín **(s)**, determina el movimiento del electrón sobre su eje, puede tomar los valores: +1/2 (movimiento anti horario) ($\downarrow$) y -1/2 (movimiento horario) ($\uparrow$).

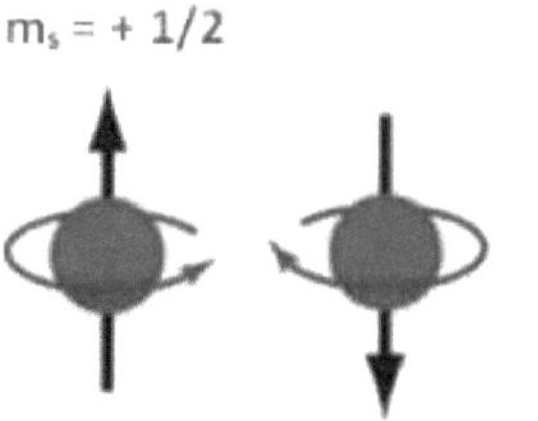

Figura1.9. Número cuántico spin

Principio de exclusión de Pauli

"Dos electrones en un átomo no pueden tener los cuatro números cuánticos iguales"
Si dos electrones tienen iguales n, l y m por tanto se encuentran en el mismo orbital, por lo tanto, es necesario que un electrón tenga un s +1/2 y el otro un s -1/2

Para realizar la distribución electrónica se utilizará la regla de Mollier según el principio de Aufbau. Conocida como diagonales de Pauling.

Principio de llenado progresivo de Aufbau

Los electrones pasan a ocupar los orbitales de menor energía, y progresivamente se van llenando los orbitales de mayor energía. Según el principio de Aufbau, la configuración electrónica de un átomo se expresa mediante las siguientes diagonales:

Ing. Mayorga-Román. M.G.   Dr. Pérez-Betancourt Y.

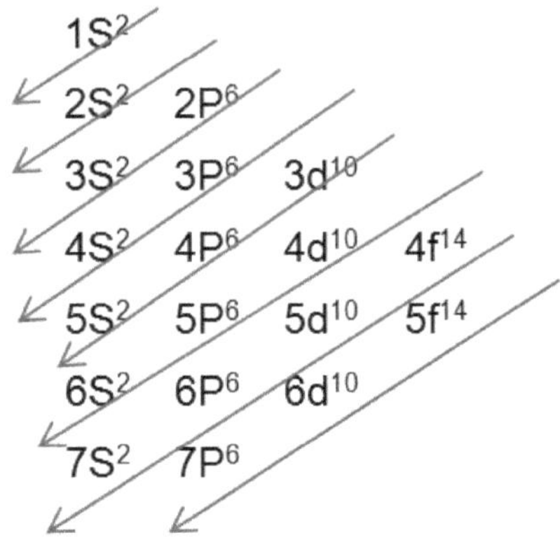

Figura 1.10 Diagonales de Pauling

Regla de Hund

Los orbitales con igual nivel de energía se llenan progresivamente de manera que siempre exista un mayor número de electrones desapareados. Los orbitales se llenan con los electrones de uno en uno, ingresando primero los ½ y luego los – ½.

Ejemplo: Z= 16 $1s^2$, $2s^2$, $2p^6$, $3s^2$, $3p^4$

$3p^4$ ↑↓ ↑ ↑

m   -1   0   +1

Ing. Mayorga-Román. M.G.   Dr. Pérez-Betancourt Y.

Aprendizaje autónomo

1. ¿Qué información se puede obtener del número atómico y número másico?

____

____

2. ¿Cuál de los siguientes conjuntos de números cuánticos es el incorrecto? Justifique su respuesta.

a.   2, 2, 2, ½
b.   3, -1. 1, ½
c.   3, 2, -2, ½

Ing. Mayorga-Román. M.G.   Dr. Pérez-Betancourt Y.

EL ÁTOMO, DISTRIBUCIÓN ELECTRÓNICA

CN.Q.5.1.7. Comprobar y experimentar con base en prácticas de laboratorio y revisiones bibliográficas la variación periódica de las propiedades físicas y químicas de los elementos químicos en dependencia de la estructura electrónica de sus átomos.

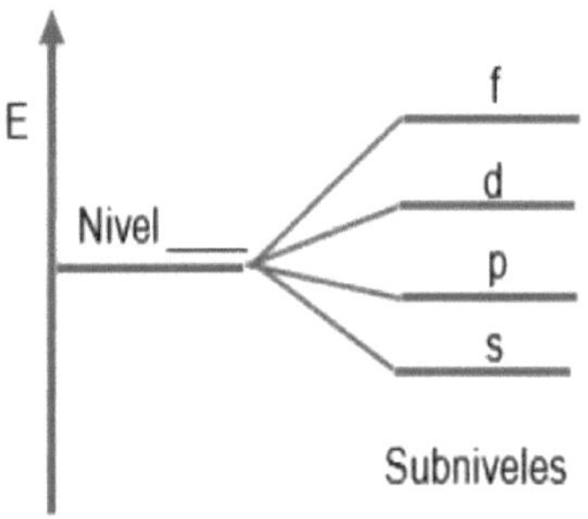

Figura 1.11. Distribución electrónica en niveles y subniveles de energía

La figura 1.11 tomada de(*Item 29 | Ciencias Secundaria*, 2024), muestra que la distribución electrónica consiste en repartir la totalidad de los electrones que tiene un átomo y que viene dado como información por parte del número atómico (Z) en los diferentes niveles, subniveles y orbitales de energía, utilizando las diagonales de Pauling, el principio de exclusión de Pauli y la regla de Hund.

Representación a través de orbitales

Siguiendo las reglas y principios analizados con anterioridad, la distribución electrónica representada a través de orbitales se puede observar de la siguiente manera:

Del desarrollo de la distribución electrónica y observando el último orbital se puede indicar:

$$Na_{11}^{23}\ 1s^2,2s^2,2p^6,3s^1$$

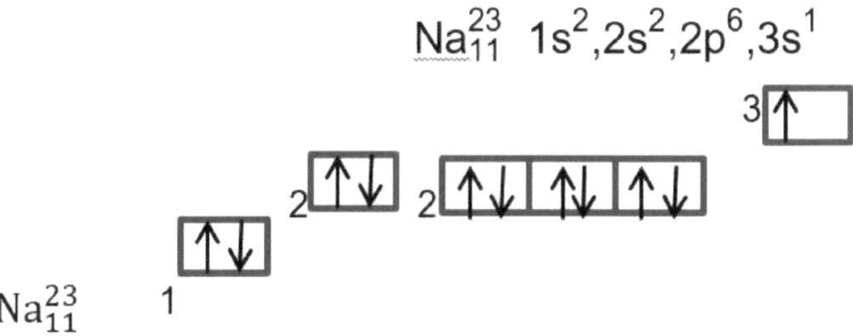

$$Na_{11}^{23}$$

- El elemento químico pertenece al grupo IA
- El elemento químico está ubicado en el periodo 3
- Al terminar la distribución electrónica en s1, su valencia es 1
- Al terminar la distribución electrónica en s1, su estado de oxidación es +1
- Al terminar la distribución electrónica en s1, su carácter químico es metálico.

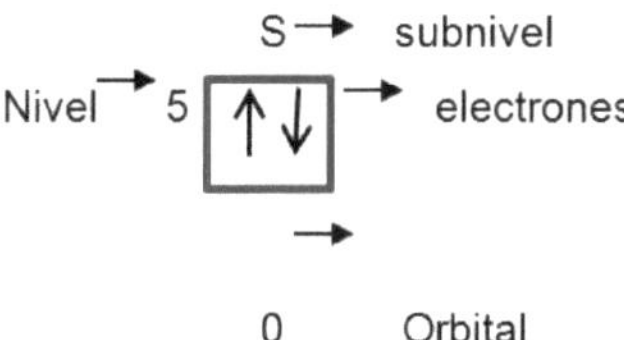

Figura 1.12. Representación gráfica de orbitales

Ejercicios resueltos de distribución electrónica

1. Realizar la distribución electrónica del elemento cuyo Z= 16, e indicar:

$$Z=16 \rightarrow 1s^2,2s^2,2p^6,3s^2,3p^4$$

2. Determinar los números cuánticos del último electrón del elemento cuyo Z=19

$$Z=19 \rightarrow 1s^2,2s^2,2p^6,3s^2,3p^6,4s^1$$

Ing. Mayorga-Román. M.G.   Dr. Pérez-Betancourt Y.

Se considera al último electrón de la distribución electrónica, y en función de aquel se determina los números cuánticos.

$$4s^1 \quad \textbf{ó también} \quad 4\,\boxed{\uparrow}$$

$$
\begin{array}{cccc}
n & l & m & s \\
4 & 0 & 0 & 1/2
\end{array}
$$

3. Determinar los números cuánticos del último electrón del elemento cuyo Z=26

$$Z=26 \rightarrow 1s^2, 2s^2, 2p^6, 3S^2, 3p^6, 4s^2, 3d^6$$

Se considera al último electrón de la distribución electrónica (en rojo), y en función de aquel se determina los números cuánticos.

$$3d^6 \quad \textbf{o también} \quad 3\,\boxed{\uparrow\downarrow}\;\boxed{\uparrow}\;\boxed{\uparrow}\;\boxed{\uparrow}\;\boxed{\uparrow}$$

$$
\begin{array}{cccc}
n & l & m & s \\
3 & 2 & -2 & -1/2
\end{array}
$$

Aprendizaje autónomo

1. Resuelva los siguientes ejercicios. Recuerde incluir una representación gráfica de los orbitales y electrones de valencia en el caso de ser necesario

a. Una especie química esta doblemente ionizada con carga positiva y presenta 5 electrones en su nivel de energía M. Calcular Z del átomo. R:17.

b. Si el último electrón de la distribución electrónica de un elemento tiene los siguientes números cuánticos: n=4, l=0, m= 0, s= -½. Calcular Z del elemento. R: 20.

Ing. Mayorga-Román. M.G.   Dr. Pérez-Betancourt Y.

c. Si el último electrón de la distribución electrónica de un elemento tiene los siguientes números cuánticos: n=5, l=1, m= 1, s= -½. Calcular Z del elemento. R:54.

d. Determinar Z de un elemento cuyo último electrón se encuentra en el orbital $5p_x^2$.R:50.

e. Determinar el número de masa de un átomo, si se conoce que su número de neutrones es mayor en 8 a su número atómico y su distribución electrónica indica que existen 2 electrones en su cuarto nivel principal de energía. R: 48.

f. Determinar los números cuánticos del electrón ganado por el anión F^{-1}. R: 2, 1, 1, -1/2.

g. El número de masa de un catión dipositivo es 59, si en su tercera capa presenta 2 orbitales desapareados. Determinar su número de neutrones. R: 41.

CONSTANTES DEL ÁTOMO Y DISTRIBUCIÓN ELECTRÓNICA

CN.Q.5.1.7. Comprobar y experimentar con base en prácticas de laboratorio y revisiones bibliográficas la variación periódica de las propiedades físicas y químicas de los elementos químicos en dependencia de la estructura electrónica de sus átomos.

Valencia

Es un número entero sin signo (valor absoluto) que hace referencia al número de electrones que el átomo de un elemento posee en su último nivel de energía, se relaciona con la cantidad de enlaces químicos que el átomo puede establecer. Se puede conocer la valencia de un elemento químico al identificar el grupo de la tabla periódica en la que se encuentra el mismo.

Ejemplo:
Ca (Z=20): $1s^2,2s^2,2p^6,3s^2,3p^6,4s^2$ La Valencia del Calcio es 2, porque en su nivel de energía 4, que resulta ser el último, existen dos electrones

Estado de Oxidación

Es un número entero con signo, positivo o negativo, que hace referencia a la cantidad de electrones de valencia que el átomo de un elemento gana o pierde, al formar enlaces con otro átomo con la finalidad de llegar a tener la configuración del gas noble más próximo en la tabla periódica.

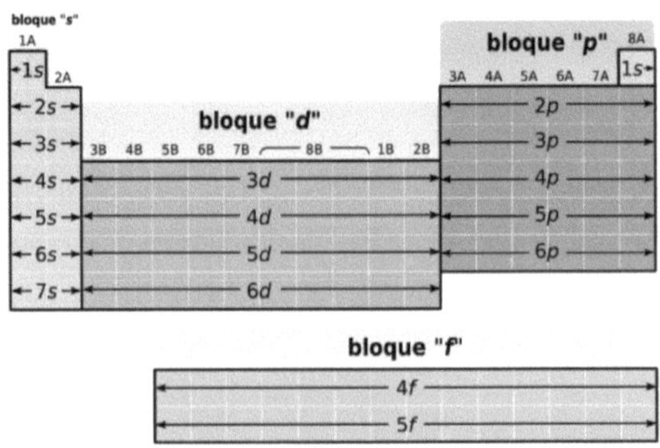

Figura 1.13. Orbitales en la tabla periódica y valencias

30

Ejercicios resueltos de distribución electrónica

1. Realizar la distribución electrónica del elemento cuyo Z= 16, e indicar:

$$Z=16 \rightarrow 1s^2,2s^2,2p^6,3s^2,3p^4$$

- Grupo: VI A
- Periodo: 3
- Valencia: 6
- Estado oxidación principal: - 2
- Carácter químico: no metal

2. Realizar la distribución electrónica del elemento cuyo Z= 9, e indicar:

$$Z=9 \rightarrow 1s^2,2s^2,2p^5$$

- Grupo: VII A
- Periodo: 2
- Valencia: 7
- Estado oxidación principal: - 1
- Carácter químico: no metal

3. Realizar la distribución electrónica del elemento cuyo Z= 20, e indicar:

$$Z=20 \rightarrow 1s^2,2s^2,2p^6,3s^2,3p^6,4s^2$$

- Grupo: II A
- Periodo: 4
- Valencia: 2
- Estado oxidación principal: + 2
- Carácter químico: Metal

4. Determinar los números cuánticos del último electrón del elemento cuyo Z=19

$$Z=19 \rightarrow 1s^2,2s^2,2p^6,3s^2,3p^6,4s^1$$

Se considera al último electrón de la distribución electrónica, y en función de aquel se determina los números cuánticos.

$$4s^1 \quad \textbf{O también} \quad 4\boxed{\uparrow}$$

```
n  l  m   s
4  0  0   1/2
```

- Grupo: I A

- Periodo: 4
- Valencia: 1
- Estado oxidación principal: + 1
- Carácter químico. Metal

5. ¿Cuántos orbitales vacíos tiene un átomo sabiendo que la semidiferencia entre la cantidad de neutrones y protones es 60 y su número de masa es 200?

Por enunciado del ejercicio se tiene

$$A=200$$

como: $A=Z+N$

$$200=Z+N \quad [1]$$

del ejercicio se tiene:

$$\frac{N-Z}{2}=60$$

$$120=N-Z \quad [2]$$

De la ecuación [1] y [2] se tiene:

$$\begin{bmatrix} 200= & Z+N \\ 120= & N-Z \end{bmatrix}$$

$$320=2N$$

$$N=160 \quad \therefore Z=40$$

$$1s^2,2s^2,2p^6,3s^2,3p^6,4s^2,3d^{10},4p^6,5s^2,4d^2$$

observando el último orbital $4d^2$

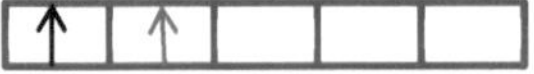

Se tiene 3 orbitales vacíos, además de 2 orbitales desapareados.

6. Si el último electrón de la distribución electrónica de un elemento tiene los siguientes números cuánticos: n=3, l=1, m= -1, s= -½. Calcular Z del elemento

Resolución: se determina el orbital donde se encuentra en último electrón

$$\uparrow\downarrow \qquad \uparrow \qquad \uparrow$$

| 1/2 | -1/2 | 1/2 | -1/2 | 1/2 | -1/2 |

m= -1   m=0   m=1

p=1

n=3

La distribución electrónica hasta 3p4 será:

$$1s^2,2s^2,2p^6,3s^2,3p^4 \therefore Z=16$$

7. Determinar Z de un átomo, si se conoce que su último electrón se encuentra en el orbital $4p_y^2$.

Resolución: Se determina el orbital donde se encuentra en último electrón

$$\uparrow\downarrow \qquad \uparrow \quad \downarrow \quad \uparrow$$

| 1/2 | -1/2 | 1/2 | -1/2 | 1/2 | -1/2 |

m= -1   m=0   m=1

px   Py   pz

n=4

La distribución electrónica hasta 4p5 será:

$$1s^2,2s^2,2p^6,3s^2,3p^6,4s^2,3d^{10},4p^5 \therefore Z=35$$

Aprendizaje autónomo

1. **Resuelva los siguientes ejercicios, realice el gráfico de los orbitales de ser necesario.**

   a. Una especie química esta doblemente ionizada con carga positiva y presenta 5 electrones en su nivel de energía M. Calcular Z del átomo. R:17.

   b. Si el último electrón de la distribución electrónica de un elemento tiene los siguientes números cuánticos: $n=4$, $l=0$, $m=0$, $s=-\frac{1}{2}$. Calcular Z del elemento. R: 20.

   c. Si el último electrón de la distribución electrónica de un elemento tiene los siguientes números cuánticos: $n=5$, $l=1$, $m=1$, $s=-\frac{1}{2}$. Calcular Z del elemento. R:54.

   d. Si el último electrón de la distribución electrónica de un elemento tiene los siguientes números cuánticos: $n=4$, $l=2$, $m=0$, $s=\frac{1}{2}$. Calcular Z del elemento. R:41.

   e. Se tiene dos isótopos que al ionizarse con carga tripositiva cada uno, la suma de sus números de electrones es menor en ocho que la suma de sus neutrones, hallar Z del átomo si la suma de sus números de masa es 54. R: 13.

LA TABLA PERIÓDICA

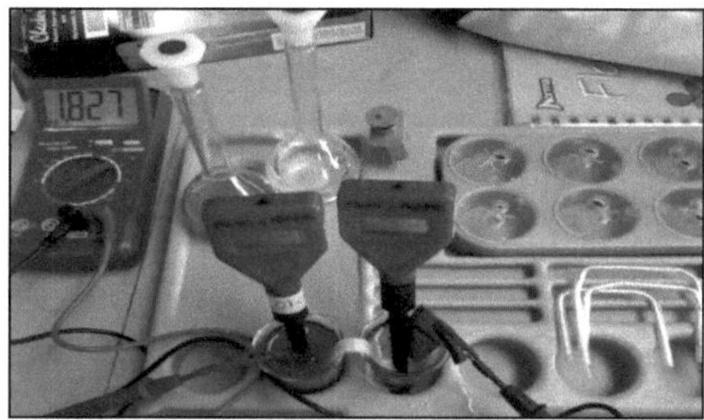

Objetivos generales del área de Ciencias Naturales

OG.CN.3. Integrar los conceptos de las ciencias biológicas, químicas, físicas, geológicas y astronómicas, para comprender la ciencia, la tecnología y la sociedad, ligadas a la capacidad de inventar, innovar y dar soluciones a la crisis socioambiental.

Objetivo específico de la Química para el nivel de Bachillerato.

O.CN.Q.5.6. Optimizar el uso de la información de la tabla periódica sobre las propiedades de los elementos químicos y utilizar la variación periódica como guía para cualquier trabajo de investigación científica, sea individual o colectivo.

Objetivos de la Unidad

1. Analizar la estructura de la tabla periódica desde la concepción de las características de los grupos y periodos que la conforman.
2. Analizar las propiedades periódicas en la tabla

ESTRUCTURA DE LA TABLA PERIÓDICA

CN.Q.5.1.6. Relacionar la estructura electrónica de los átomos con la posición en la tabla periódica, para deducir las propiedades químicas de los elementos.

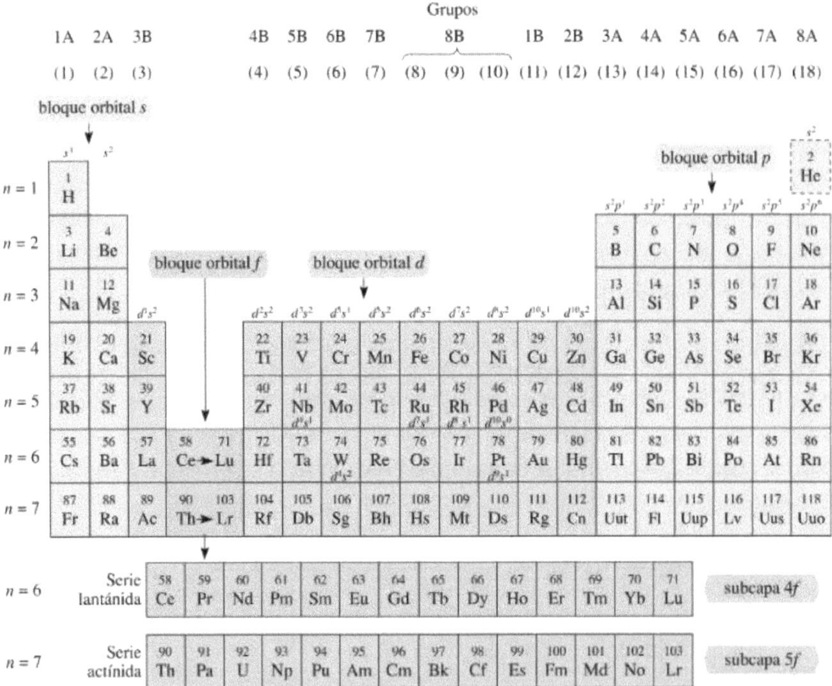

La tabla periódica anterior, tomada de Whitten (2014), es un arreglo de elementos químicos, clasificados, organizados de acuerdo a sus propiedades y características, agrupa elementos en filas (horizontales) llamadas **periodos** y en columnas (verticales) llamadas **grupos o familias** (Goya et al., 2019).

Los elementos químicos están ubicados de izquierda a derecha y de arriba a abajo en orden creciente de sus números atómicos (Rivera, 2020).

- Los períodos dependen de la periodicidad con que se repiten las propiedades similares según la ley periódica. Los períodos tienen diferente longitud dependiendo del número de electrones que caben en las diferentes capas de Bohr.
- El primer período sólo contiene dos elementos (Hidrógeno y Helio).
- El segundo período contiene 8 elementos.
- El cuarto período contiene 18 elementos.
- Los grupos o familias contienen elementos que tienen propiedades similares, de forma especial, iguales configuraciones electrónicas de valencia.
- A los grupos se les ha asignado números romanos desde el I hasta el VIII, sub clasificados en A y B
- Según la regla de Hund, descrito en este capítulo, los grupos de elementos químicos se subdividen:

    - Grupo s, cuya configuración electrónica termina en s^1 y s^2 (elementos representativos).
    - Grupo p, cuya configuración electrónica puede terminar desde p^1 hasta p^6.
    - Grupo d, cuya configuración electrónica puede terminar desde d^1 hasta d^{10}.
    - Grupos f, cuya configuración electrónica puede terminar desde f^1 hasta f^{14}.

Tabla 2.1. Grupos de la tabla periódica

Grupo A	Grupo B
Grupo 1 (I A): metales alcalinos	Grupo 3 (III B): tierras raras y actínidos
Grupo 2 (II A): metales alcalinotérreos	Grupo 4 (IV B): familia del Titanio
Grupo 13 (III A): térreos	Grupo 5 (V B): familia del Vanadio
Grupo 14 (IV A): carbonoides	Grupo 6 (VI B): familia del Cromo
Grupo 15 (V A): nitrogenoides	Grupo 7 (VII B): familia del Manganeso
Grupo 16 (VI A): anfígenos	Grupo 8 (VIII B): familia del Hierro
Grupo 17 (VII A): halógenos	Grupo 9 (VIII B): familia del Cobalto
Grupo 18 (VIII A): gases nobles	Grupo 10 (VIII B): familia del Níquel
	Grupo 11 (I B): familia del Cobre
	Grupo 12 (II B): familia del Zinc

Propiedades de los principales elementos químicos

Grupo IA

Está formado por los llamados metales alcalinos: litio, sodio, potasio, rubidio, cesio y francio, este último elemento no existe en la naturaleza, debido a la inestabilidad de su núcleo, se ha obtenido artificialmente, mediante reacciones nucleares.

Los átomos de los metales alcalinos se caracterizan por tener un solo electrón de valencia en el orbital *ns*, débilmente atraído por el núcleo, por lo que pueden formar con facilidad cationes, muy estables, ya que tienen la configuración electrónica del gas inerte que los precede, poseen pequeñas energías de ionización que le permiten reaccionar fácilmente con otros elementos y compuestos.

Los metales alcalinos son muy reactivos, todos ellos reaccionan con el agua para formar hidróxidos e hidrógeno gaseoso como productos de reacción. Ejemplo:

$$2Na + 2H_2O \rightarrow 2Na(OH) + H_2$$

El hidrógeno, es un elemento químico especial, ubicado en el grupo IA debido a su configuración electrónica que coincide con este grupo, es un no metal, en condiciones normales es un gas incoloro, inodoro e insípido, compuesto de moléculas diatómicas, H_2.

Tabla 2.2. Propiedades del Hidrógeno

Hidrógeno (H)			
Número atómico	1	Masa atómica (g/mol)	1,00797
Valencia	1	Densidad (g/ml)	0,071
Estado de oxidación	+1	Punto de ebullición (°C)	-252,7
Electronegatividad	2,1	Punto de fusión (°C)	-259,2

El hidrógeno atómico al reaccionar con el oxígeno produce el agente oxidante llamado peróxido de hidrógeno, H_2O_2. Tiene gran afinidad con el Carbono.

Es uno de los constituyentes principales del agua y de toda la materia orgánica, y está distribuido de manera amplia no sólo en la tierra sino en todo el universo. Existen 3 isótopos del hidrógeno: el protio, de masa 1, que se encuentra en más del 99.98% del elemento natural; el deuterio, de masa 2, que se encuentra en la naturaleza aproximadamente en un 0.02%, y el tritio, de masa 3, que aparece en pequeñas cantidades en la naturaleza, pero que puede producirse artificialmente por medio de varias reacciones nucleares.

Su empleo es variado, a saber:

- En la síntesis del amoniaco
- En la refinación del petróleo para eliminar azufre
- En la hidrogenación catalítica de aceites vegetales líquidos insaturados para obtener grasas sólidas.
- Como combustible

El hidrógeno atómico es un fuerte agente reductor, se combina con óxidos y cloruros de la mayoría de metales, para formar los metales libres. Reduce a su estado metálico algunas sales, como los nitratos, nitritos y cianuros de sodio y potasio. Reacciona con cierto número de elementos, tanto metales como no metales, para producir hidruros.

Grupo IIA

Está formado por los metales alcalinotérreos: berilio, magnesio, calcio, estroncio, bario y radio. Este último elemento no existe en la naturaleza, debido a la inestabilidad de su núcleo; es radiactivo.

Se caracterizan por tener dos electrones de valencia en un orbital s, con configuración electrónica ns2, por lo que pueden formar con facilidad cationes 2+, muy estables, ya que tienen la configuración electrónica del gas inerte que los precede en el sistema periódico.

Tabla 2.3. Propiedades del Calcio

Calcio (Ca)			
Número atómico	20	Masa atómica (g/mol)	40.078
Valencia	2	Densidad (g/ml)	1.55
Estado de oxidación	+2	Punto de ebullición (°C)	1484
Electronegatividad	1	Punto de fusión (°C)	842

Entre los principales usos, se conoce:

- Como reductor en la obtención de metales: uranio, circonio, torio.
- Desoxidante en la manufactura de muchos aceros.
- La cal viva (CaO), que se obtiene calentando la caliza, se transforma en cal apagada, Ca(OH)2, al añadirle agua. La cal apagada tiene muchos usos: mezclada con arena constituye el mortero para recubrir paredes.
- La caliza (CaCO3) junto con arcilla forman el cemento.

Grupo IIIA

Está formado por: boro, aluminio, galio, indio y talio.

El carácter metálico de los elementos de este grupo es menor que los metales del grupo IA y IIA, lo que se pone de manifiesto por su menor reactividad, debida a sus elevadas energías de ionización (Labarca et al., 2022).

El boro presenta propiedades típicas de un semimetal; mientras que, el resto de los elementos del grupo se comportan como metales.

Grupo IVA

Está formado por los elementos: carbono, silicio, germanio, estaño, plomo.

El carbono tiene la propiedad de unirse consigo mismo, formando cadenas extensas, siendo la base de la Química Orgánica.

El carácter metálico aumenta conforme se desciende en el grupo, el carbono es un no metal, el silicio y el germanio son metaloides, el estaño y plomo son metales.

Tabla 2.4. Propiedades del Carbono

Carbono (C)			
Número atómico	6	Masa atómica (g/mol)	12,0107
Valencia	4	Densidad kg/m^3	2260 (grafito)
Estado de oxidación	+2,+4, -4	Punto de ebullición (ºC)	4827
Electronegatividad	2.55	Punto de fusión (ºC)	3550

El carbono es uno de los principales elementos químicos, su uso está generalizado y se amplía a todos los campos de acción del hombre, desde sus diferentes formas alotrópicas. La medicina y salud, agricultura, alimentación, ciencia de los materiales, construcción, medio ambiente, por citar algunos, son campos en los que el carbono ejerce su presencia de forma importante, por esta razón el carbono constituye una asignatura que estudiar por separado.

Algunos de sus usos son:
- El dióxido de carbono, CO2, se utiliza para carbonatación de bebidas, en extintores de fuego y como enfriador (hielo seco, en estado sólido).
- El monóxido de carbono, CO, se emplea como agente reductor en procesos metalúrgicos.
- El tetracloruro de carbono, CCl_4 y el disulfuro de carbono, CS_2, se usan como disolventes industriales
- El carburo de calcio, CaC_2, se emplea para preparar acetileno, soldar y cortar metales.
- El carbono junto al hierro forma el acero.

Grupo VA

Está formado por los elementos: nitrógeno, fósforo, arsénico, antimonio y bismuto. Debido a su configuración electrónica forman enlaces covalentes, El carácter metálico aumenta conforme se desciende en el grupo, el nitrógeno y el fósforo son no metales, el arsénico y el antimonio metaloides y el bismuto un metal.

Grupo VIA

Está formado por los elementos: oxígeno, azufre, selenio, telurio y polonio Debido a su configuración electrónica, son fundamentalmente no metales, su tendencia es a formar aniones (ganar electrones de valencia).
El oxígeno al terminar su distribución electrónica en $2p^4$, sólo puede formar dos enlaces covalentes simples o uno doble, mientras que los restantes elementos pueden formar 2, 4 y 6 enlaces covalentes.

Tabla 2.5. Propiedades del oxígeno

Oxígeno (O)			
Número atómico	8	Masa atómica (g/mol)	15.994
Valencia	6	Densidad (g/ml)	1.429
Estado de oxidación	-1,-2	Punto de ebullición (°C)	-182.95
Electronegatividad	3.44	Punto de fusión (°C)	-218.79

Algunos de sus principales usos, son:

- En hospitales para los pacientes con problemas cardiorrespiratorios para lo cual es necesario mezclar con gases nobles, pues inhalar oxígeno puro puede ser peligroso.
- Utilizado en soldadura oxiacetilénica.
- Síntesis de metanol y de óxido de etileno.
- Combustible de cohetes.
- Hornos de obtención de acero.
- Por acción de descargas eléctricas o radiación ultravioleta sobre el oxígeno se genera el ozono.

Grupo VIIA

Llamado grupo de los Halógenos, forman con facilidad aniones y se los conoce como formadores de sales por su afinidad con los metales. El elemento con mayor electronegatividad es el Flúor.

Tabla 2.6. Propiedades del Cloro

Cloro (Cl)			
Número atómico	17	Masa atómica (g/mol)	35.4527
Valencia	7	Densidad (g/ml)	3.214
Estado de oxidación	-1,+1,+3, +5, +7	Punto de ebullición (°C)	-34.04
Electronegatividad	3.16	Punto de fusión (°C)	-101.5

Algunos de sus principales usos, son:

- En la desinfección del agua para el consumo humano.
- En la producción de papel, colorantes, textiles, productos derivados del petróleo, antisépticos, insecticidas, medicamentos, disolventes, pinturas, plásticos.
- En la producción de productos sanitarios, blanqueadores (NaClO), desinfectantes y productos textiles.

Grupo VIIIA

Llamado grupo de los gases nobles o inertes. Excepto el He, que tiene dos electrones de valencia, los demás elementos tienen en su último nivel principal de energía 8 electrones de valencia, no reaccionan entre ellos. Sin embargo, en determinadas condiciones se han sintetizado varios compuestos de kriptón y xenón.

Aprendizaje autónomo

1. Escriba el nombre de los siguientes símbolos químicos

H	Au	Ca	Cr	F	S
Fe	Mg	Cu	Cl	Br	P
Al	Pb	Ni	O	N	C

2. Escriba debajo del nombre que se indica, los símbolos de los siguientes elementos:

Litio	Talio	Radio	Manganeso	Astato	Silicio
Cobalto	Zinc	Mercurio	Iodo	Cloro	Boro
Bismuto	Estaño	Selenio	Teluro	Arsénico	Germanio

3. Escriba el nombre y símbolo de dos elementos que pertenezcan a los siguientes grupos de la tabla periódica

Ing. Mayorga-Román. M.G.   Dr. Pérez-Betancourt Y.

Grupo A	Ejemplo 1		Ejemplo 2	
	Símbolo	Nombre	Símbolo	Nombre
Metales alcalinos				
Metales alcalinotérreos				
Térreos				
Carbonoides				
Nitrogenoides				
Anfígenos				
Halógenos				
Gases nobles				

4. Un elemento que tiene Z= 17 (17 electrones en su estructura), ¿A qué grupo y periodo de la tabla periódica pertenece?

PROPIEDADES PERIÓDICAS

CN.Q.5.1.7. Comprobar y experimentar con base en prácticas de laboratorio y revisiones bibliográficas la variación periódica de las propiedades físicas y químicas de los elementos químicos en dependencia de la estructura electrónica de sus átomos.

Son propiedades que presentan los elementos químicos al interior de la tabla y que varían de forma periódica a través de los ordenamientos horizontales y verticales. La ubicación de un elemento al interior de la tabla proporciona información sobre sus propiedades periódicas.

Radio atómico

Según la mecánica cuántica, los electrones no se encuentran confinados en una órbita o trayectoria cerrada, por lo que se considera la probabilidad de encontrar al electrón en un punto dado del espacio, en función de esta consideración, el radio atómico se define como la mitad de la distancia entre dos núcleos de dos átomos adyacentes. La medida se expresa en Angstroms, Å.

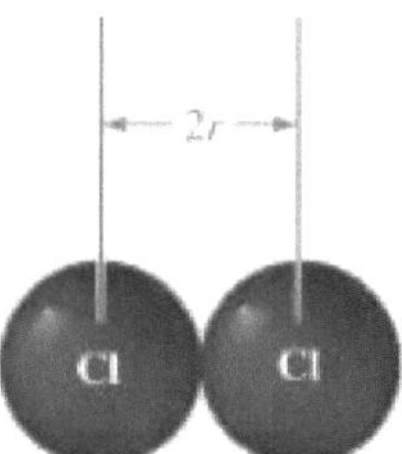

Figura 2.1. Radio atómico. Tomado de Whitten, K.

Considerando los datos experimentales obtenidos por los estudiosos de la tabla periódica, se infiere que el radio atómico disminuye a lo largo de un periodo y por el contrario aumenta al descender en un grupo de la Tabla Periódica. Parece que esto es un contrasentido pues es de esperar que al aumentar Z, el átomo al poseer más electrones aumente de tamaño y que por tanto a mayor Z, mayor radio; el efecto del apantallamiento puede explicar el fenómeno, es necesario recordar que el electrón está sometido a la fuerza de atracción proveniente del núcleo y a la de repulsión de otros

45

electrones que se encuentran en orbitales menores, el efecto es mayor que cuando residen en orbitales tan externos como el del electrón al que repelen.

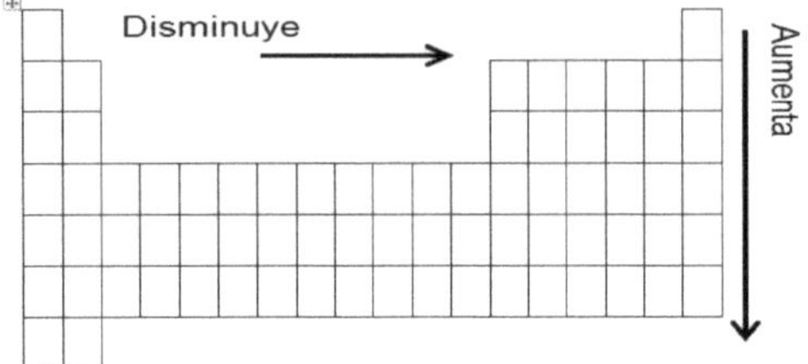

Figura 2.2. Tendencia del radio atómico en la tabla periódica

Volumen atómico

El volumen atómico se define como la masa molecular dividida por la densidad y se expresa en cm^3/mol.

En el caso de sustancias gaseosas se considera la densidad y el punto de ebullición, debido a que la densidad de un gas está relacionada de forma directa con la temperatura. El volumen atómico representa el volumen de un mol de átomos del mismo elemento ($6.022*10^{23}$ átomos). La variación del volumen al interior de la tabla periódica se la puede observar en el siguiente gráfico y se debe a las razones citadas en radio atómico.

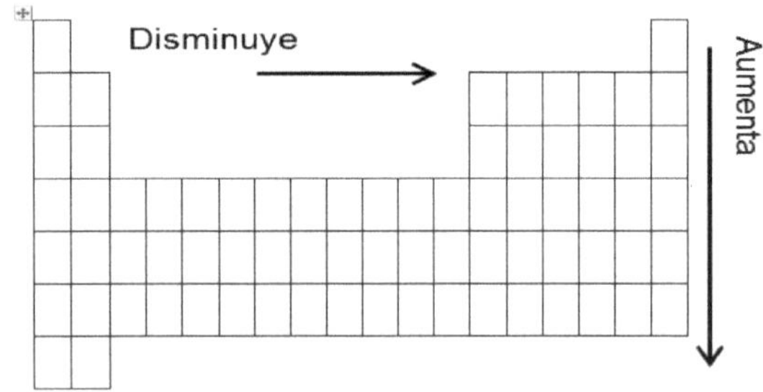

Figura 2.3. Tendencia del volumen atómico en la tabla periódica

Potencial de ionización, PI

Es la energía que se debe suministrar a un átomo para extraer un electrón de valencia.

$$X + PI \rightarrow X^+ + e^-$$

46

Dónde:

X: átomo neutro

PI: potencial de ionización

X^+: catión

e^-: electrón arrancado

El potencial de ionización nos indica cuan fácil se puede formar un catión, la energía utilizada está relacionada con la fuerza con la que el electrón de valencia es atraído por el núcleo y repelido por los otros electrones, es decir, el efecto de pantalla.

Cuanto más a la izquierda y más abajo estén situados los elementos en la tabla periódica, mayor facilidad tendrán para formar cationes.

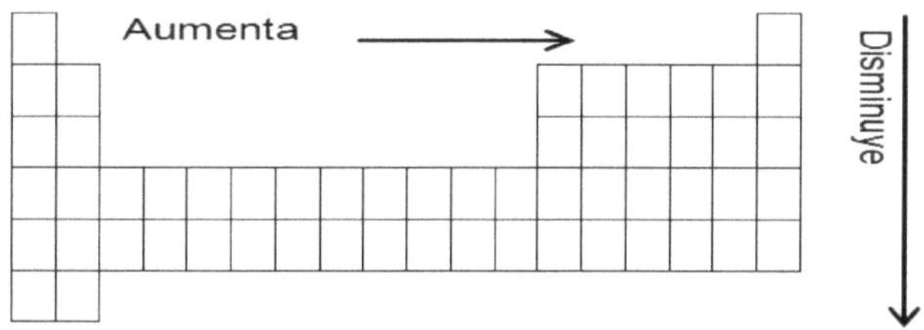

Figura 2.4. Tendencia del potencial de ionización en la tabla periódica

Electroafinidad o afinidad electrónica, Ea

Se define como la energía desprendida en el proceso en el cual un átomo neutro gana un electrón, es decir, en la formación de un anión

$$X + e^- \rightarrow X^- + Ea$$

Dónde:

X: átomo neutro

Ea: electroafinidad

X^-: anión

e^-: electrón ganado

La electroafinidad es el proceso contrario al potencial de ionización, es un proceso exotérmico, cuanto mayor sea la energía desprendida, más estable será el anión formado, a mayor electroafinidad, mayor tendencia a formar iones negativos.

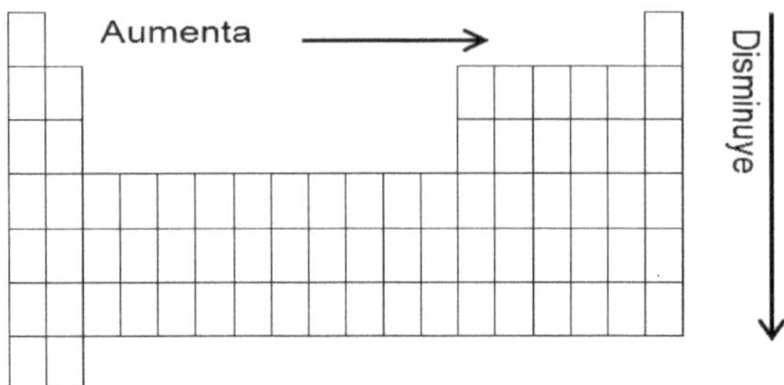

Figura 2.5. Tendencia de la electroafinidad en la tabla periódica

Cuanto menor es el efecto pantalla, mayor será la repulsión sufrida por el nuevo electrón y viceversa, es decir, la electroafinidad disminuye al bajar en un grupo y aumenta a lo largo de un periodo. Los elementos que presentan mayor tendencia a formar iones negativos estarán situados arriba y a la derecha de la tabla periódica.

Electronegatividad

Es una propiedad adimensional, es una medida de la fuerza de atracción que ejerce un átomo sobre los electrones de valencia. Es una propiedad que hace referencia al átomo cuando está enlazado de manera covalente. La electronegatividad está dada por:

$$En = \frac{PI + Ea}{2}$$

Dónde:
En: electronegatividad
PI: potencial de ionización
Ea: electroafinidad

Linus Pauling, premio nobel de química en 1954, propuso una escala arbitraria de electronegatividad comprendida entre 0 y 4. El máximo valor de electronegatividad, 3.98, lo tiene el F; el mínimo valor, 0, lo tiene el He.

Ing. Mayorga-Román. M.G.   Dr. Pérez-Betancourt Y.

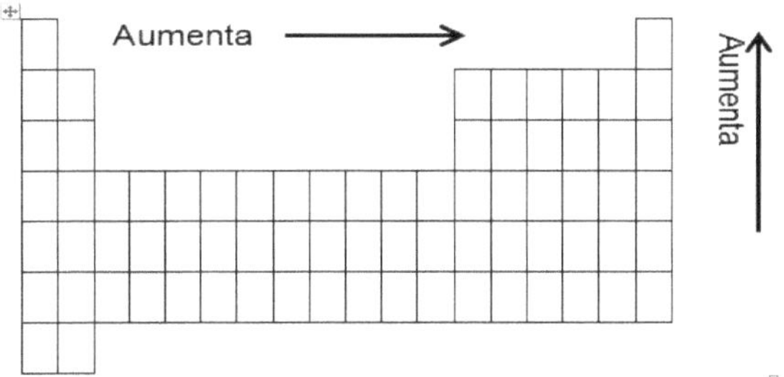

Figura 2.6. Tendencia de la electronegatividad en la tabla periódica

Cuanto más a la derecha y más arriba en la tabla periódica se encuentre un átomo de un elemento químico, mayor será la electronegatividad, el elemento más electronegativo es el F.

Aprendizaje autónomo

1. Encierre en un círculo la respuesta correcta.
   El elemento más electronegativo en la tabla periódica es:
   a.   Astato

   b.   Flúor

   c.   Helio

   d.   Carbono

2. Escriba V si es Verdadero y F si es Falso a los siguientes enunciados

   a. El Cloro es un elemento menos electronegativo que   (   )
      el Sodio

   b. El Ne es un elemento que no reacciona y se lo   (   )
      considera inerte

   c. A la derecha de la tabla periódica se encuentran los   (   )
      metales

   d. El anión es más grande que un catión   (   )

3. El Cloro y el Calcio tienen números atómicos 17 y 20 respectivamente, cuál de los dos es más electronegativo. Justifique su respuesta.

4. El Potasio es un metal que teniendo 19 electrones pierde un solo electrón al formar el catión K^{+1}, el Cloro es un no metal que teniendo 17 electrones gana un solo electrón al formar el anión Cl^{-1}. Cuál de los dos posee mayor radio atómico. Justifique su respuesta.

5. Escriba con sus propias palabras un concepto de electronegatividad

6. Sobre el siguiente gráfico dibuje la tendencia de la electronegatividad, tanto en grupos como en periodos.

Ing. Mayorga-Román. M.G.   Dr. Pérez-Betancourt Y.

ENLACES QUÍMICOS

> **CN.Q.5.1.9.** Observar y clasificar el tipo de enlaces químicos y su fuerza partiendo del análisis de la relación existente entre la capacidad de transferir y compartir electrones y la configuración electrónica, con base en los valores de la electronegatividad.

El concepto de la electronegatividad es útil para conocer el tipo de enlace químico que existe entre dos átomos del mismo o diferente tipo (López-Tolentino, 2022).

El enlace entre átomos de la misma clase y de la misma electronegatividad se denomina apolar, ya que la diferencia de sus electronegatividades es cero.

Cuando los átomos enlazados poseen electronegatividades que no difieren mucho entre sí, se origina un enlace polar.

Cuando la diferencia de electronegatividades de los átomos enlazados es igual o mayor a 1.7, se tiene un enlace iónico, excepto cuando se trata del H, este tipo de enlaces se da entre metales y no metales que se encuentran en los grupos extremos de la tabla periódica. Ejemplo:

Tabla 2.7. Tipos de enlaces

Compuesto	Cl2 (gaseoso)	CO2	NaCl
Diferencia de electronegatividad	4-4=0	3.44-2.55=0.89	3.16-0.93=2.23
Tipo de enlace	Covalente apolar	Covalente polar	Iónico

Enlace covalente

Los enlaces covalentes son las fuerzas de tipo electrostáticas que mantienen unidos entre sí a los átomos no metálicos, mediante un proceso de compartición de electrones de valencia, con la finalidad de que cada átomo llegue a tener en su nivel de valencia la configuración del gas noble más cercano a él en la tabla periódica.

C, $_{Z=6}$ $1s^2, 2s^2, 2p^2$

H, $_{Z=1}$ $1s^1$

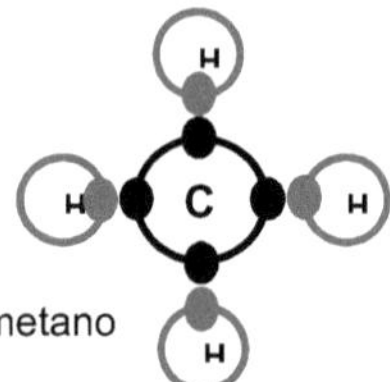

Figura 2.7. Enlaces covalentes del metano

El gráfico del metano CH4, indica un típico enlace covalente polar, en donde el C comparte cada uno de sus 4 electrones de valencia con 4 átomos de H, cada uno con un electrón de valencia, la compartición electrónica permite que el carbono llegue a tener la configuración electrónica del gas noble más cercano a él, en este caso el Ne, cuyo Z=10; al mismo tiempo el H alcanza la configuración del He, cuyo Z=2.

Un enlace polar se forma cuando los electrones son compartidos de forma desigual entre dos átomos, ocurren porque un átomo tiene una mayor afinidad hacia los electrones que el otro, pero no tanto como para repeler completamente los electrones y formar un ion. En un enlace covalente polar, los electrones que se enlazan se encontrarán más cerca del átomo que tiene la mayor afinidad hacia los electrones, formándose polos positivos y negativos separados, el polo negativo está ubicado sobre el átomo más electronegativo del enlace y el polo positivo está ubicado sobre el átomo menos electronegativo del enlace.

1	2	3	4	5	6	7	8	9	10	11	12	13	14	15	16	17
H 2,1																
Li 1,0	Be 1,5											B 2,0	C 2,5	N 3,0	O 3,5	F 4,0
Na 0,9	Mg 1,2											Al 1,5	Si 1,8	P 2,1	S 2,5	Cl 3,0
K 0,8	Ca 1,0	Sc 1,3	Ti 1,5	V 1,6	Cr 1,6	Mn 1,5	Fe 1,8	Co 1,8	Ni 1,8	Cu 1,9	Zn 1,6	Ga 1,6	Ge 1,8	As 2,0	Se 2,4	Br 2,8
Rb 0,8	Sr 1,0	Y 1,2	Zr 1,4	Nb 1,6	Mo 1,8	Tc 1,9	Ru 2,2	Rh 2,2	Pd 2,2	Ag 1,9	Cd 1,7	In 1,7	Sn 1,8	Sb 1,9	Te 2,1	I 2,5
Cs 0,8	Ba 0,9	La* 1,1	Hf 1,3	Ta 1,5	W 2,4	Re 1,9	Os 2,2	Ir 2,2	Pt 2,2	Au 2,4	Hg 1,9	Tl 1,8	Pb 1,8	Bi 1,9	Po 2,0	At 2,2
Fr 0,7	Ra 0,9	Ac† 1,1														

Leyenda: Inferior a 1,0 — 1,0–1,4 — 1,5–1,9 — 2,0–2,4 — 2,5–2,9 — 3,0–4,0

*Lantánidos: 1,1–1,3
†Actínidos: 1,3–1,5

Figura 2.8. Electronegatividades de Pauling. Tomado de
http://www.quimicafisica.com/electronegatividad.html

Estructuras de Lewis

Las estructuras de Lewis, son representaciones de los electrones de valencia por medio de puntos, para determinar el tipo y número de enlaces covalentes en un compuesto se utiliza:

$$C = N - D$$

Dónde:
C=electrones compartidos
N=electrones necesarios
D= electrones disponibles o de valencia

Todos los átomos tienden a alcanzar la estructura del gas noble más cercano a él en la tabla periódica, es decir llegar a tener 8 electrones en su último nivel de energía, excepto el Hidrógeno que alcanzará la estructura del Helio, el Boro que alcanza su mayor estabilidad al tener seis electrones en su último nivel, el fosforo puede tener hasta 10 electrones, salvo las excepciones a la regla del octeto, todos los átomos tendrán como N al número ocho.

La cantidad de electrones disponibles, D, hace referencia a la cantidad de electrones que un átomo tiene en su último nivel de energía, llamados electrones de valencia. Es oportuno indicar que el número del grupo de la tabla periódica indica la valencia del átomo. Ejemplo: un elemento cuya configuración electrónica termina en s1, se encuentra ubicado en el grupo IA y el número uno del grupo indica que el átomo tiene un electrón de valencia o que su valencia es uno.
Del total de electrones disponibles o de valencia, aquellos que están enlazando los átomos se denominan compartidos, C.

Ejemplo:

Determinar el tipo y número de enlaces químicos que dispone el anhídrido Carbónico (CO_2).

a. Cálculo de electrones de enlace

Distribución electrónica del Carbono: $_6C$: $1s^2$, $2s^2$, $2p^2$,

Por lo analizado con anterioridad: el carbono tiene cuatro electrones en el segundo nivel de energía, N= 8, D=4

Distribución electrónica del oxígeno: $_8O$:$1s^2$, $2s^2$,$2p^4$

Por lo analizado en el párrafo anterior cada uno de los oxígenos tiene seis electrones en el segundo nivel de energía, N= 8, D=6

$$C=N-D$$
$$C=(8+8+8)-(4+6+6)$$
$$C=24-16$$
$$C=8$$

Del total de electrones disponibles (dieciséis electrones), ocho electrones sirven para enlazar a los átomos de carbono y oxígeno. Cada par de electrones constituye un enlace covalente simple.

b. Distribución de los electrones

Se distribuye el compuesto tomando en consideración lo siguiente:

- El átomo menos electronegativo se encuentre en el centro del compuesto,
- Los átomos de hidrógeno se ubiquen siempre a los extremos, recordando que no puede tener más de un par de electrones compartidos,
- Los electrones compartidos se distribuyen de manera equitativa entre los átomos que se enlazan
- Los electrones que sobran se utilizan para que los átomos que aún no han llegado a la estabilidad máxima, lo hagan.

$$| \ \overline{O} = C = \overline{O} \ |$$

Enlace iónico

Este enlace se da entre átomos de metales y no metales con marcada diferencia de electronegatividad, se caracteriza por la perdida y ganancia de electrones de valencia . Los átomos del metal ceden electrones y los átomos de los no metales ganan estos electrones, llegando cada uno a tener la configuración del gas noble más cercano a él en la tabla periódica, es decir, completar el octeto. Este proceso de pérdida y ganancia de electrones de valencia involucra la formación de cationes y aniones.

$$\text{Cl}_{Z=17}\ 1s^2, 2s^2, 2p^6, 3s^2, 3p^5$$

$$\text{Na}_{Z=11}\ 1s^2, 2s^2, 2p^6, 3s^1$$

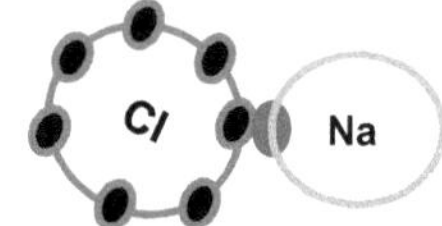

Figura 2.9. Enlace iónico del cloruro de sodio

En la figura del Cloruro de Sodio, NaCl, se indica un típico enlace iónico, en donde el Cl gana 1 electrón (lo gana del Na) que le falta para completar el octeto y llegar a tener la configuración del Ar (Z=18). El Na pierde su único electrón de valencia (le otorga al Cl), con lo cual llega a tener la configuración del Ne, cuyo Z=10.

Un enlace iónico se forma cuando los electrones de valencia son ganados y perdidos por los no metales y metales respectivamente. Entre las características de los compuestos que tienen elementos unidos por enlaces iónicos, se tiene:
- Son sólidos a temperatura ambiente
- Presentan puntos de fusión y ebullición elevados
- Forman cristales de forma definida
- En solución son buenos conductores de electricidad
- Son solubles en compuestos polares

Enlace metálico

Los átomos de los metales tienen pocos electrones en su última capa y como se indicó los metales pierden fácilmente los electrones de valencia y se convierten en cationes. Los cationes que resultan se ordenan en el espacio formando una red metálica. Los electrones de valencia desprendidos de los átomos forman una nube de electrones que puede desplazarse a través de toda la red, de tal manera todo el conjunto de los iones positivos del metal queda unido mediante la nube de electrones con carga negativa que los envuelve.

Puentes de hidrógeno

Es una atracción que existe entre un átomo de hidrógeno con estado de oxidación +1 y un átomo de un elemento muy electronegativo, como flúor (F), oxígeno (O), nitrógeno (N), que posee un par de electrones libres. Un puente de hidrógeno es en realidad una atracción dipolo-dipolo entre moléculas de estas características. Este tipo de atracción tiene solamente una tercera parte de la fuerza de los enlaces covalentes, pero determinan algunas propiedades de las sustancias.

Ejercicios resueltos de enlaces químicos

1. Se tiene los elementos $_9X$ y $_{19}W$. Determinar el tipo de enlace que forman al combinarse

$$_9X=1s^2,2s^2,2p^5$$

$$_{19}W=[Ne]3s^2,3p^6,4s^1$$

Al realizar sus configuraciones electrónicas se observa que el elemento $_9X$ tiene en su último nivel de energía 7 electrones, lo que caracteriza a los no metales, específicamente, a los halógenos del grupo VIIA. El elemento $_{19}W$ posee 1 electrón de valencia, ésta es una característica de los metales alcalinos del grupo IA.

Ha sido suficiente determinar el carácter químico de los elementos para determinar el tipo de enlace predominante, en este caso, Metal + No metal=enlace iónico.

2. Se tiene el elemento del cual se conoce que su Z= 35. Determinar su principal estado de oxidación

Ing. Mayorga-Román. M.G.   Dr. Pérez-Betancourt Y.

Desarrollando la configuración electrónica se puede observar la cantidad de electrones de valencia e interpretar el estado de oxidación principal del elemento

$$Z=35 \rightarrow [Ar]4s^2,3d^{10},4p^5$$

El átomo tiene siete electrones de valencia, su terminación es p5, pertenece al grupo VIIA, para llegar a tener la configuración del gas noble más cercano, $_{36}kr$, es necesario ganar solo 1 electrón, este número se constituye en su estado de oxidación principal, -1.

3. Si un elemento X tiene a su electrón de valencia identificado con el siguiente conjunto de números cuánticos: 3, 1,-1,-1/2 se combina con un elemento Y que pertenece al grupo IIA de la tabla periódica. Determinar el tipo de enlace que los mantiene unidos.

Los números cuánticos determinan la distribución electrónica de un átomo

n=3

l=1   el último electrón se encuentra en el orbital 3[↑↓][↑][↑]

m=-1   y la distribución electrónica total es:$[Ne]3s^23p^4$

s=-1/2

Se deduce que el elemento X es un no metal que se encuentra en el grupo VI A, periodo 3, espacio de la tabla periódica ocupado por no metales.

El elemento Y pertenece al grupo IIA de los metales alcalinos térreos.

Un metal y un no metal están unidos por medio de enlaces iónicos.

4. Dado la fórmula de los siguientes compuestos, determinar el tipo y el número de enlaces químicos que existen

Dióxido de Azufre (SO_2)

C=N-D

C= 24-18

C=6

O – S = O

Un enlace covalente simple (sigma) y un enlace covalente doble (pi)

Ozono (O_3)

C=N-D

C= 24-18

C=6

O – O = O

Un enlace covalente simple (sigma)   y un enlace covalente doble (pi)

Aprendizaje autónomo

1. **Reflexiona y contesta**

   a. Colocar la letra en el paréntesis que corresponda

A. Enlace iónico	( )	Es la fuerza electrostática donde se comparten los electrones de valencia
B. Enlace covalente	( )	Es la fuerza electrostática donde se evidencia la pérdida y ganancia de electrones de valencia
C. Enlace metálico	( )	Los electrones de valencia desprendidos de los átomos forman una nube de electrones.

   b. Si un elemento X, con Z= 17 y otro elemento Y, con Z= 11 se unen, ¿Qué tipo de enlace formarán? Justifique su respuesta.

   c. Si un elemento X, con Z= 8 y otro elemento Y, con Z= 16 se unen, ¿Qué tipo de enlace formarán? Justifique su respuesta.

   d. Un Calcio tiene una electronegatividad de 2,8 y el Flúor tiene 4. ¿Qué tipo de enlace formarán? Justifique su respuesta

2. Consultando la tabla de electronegatividades, calcular la diferencia de electronegatividad del ácido Fluorhídrico (HF)

58

3. Indicar el tipo y la cantidad de enlaces que se encuentran en cada uno de los siguientes compuestos químicos

Compuesto	$HClO_4$	H_3PO_4	SO_3	Cl_2O_7	O_3
Tipo y número de enlace					

COMPUESTOS QUÍMICOS: ÓXIDOS, HIDRÓXIDOS, ÁCIDOS, HIDRUROS

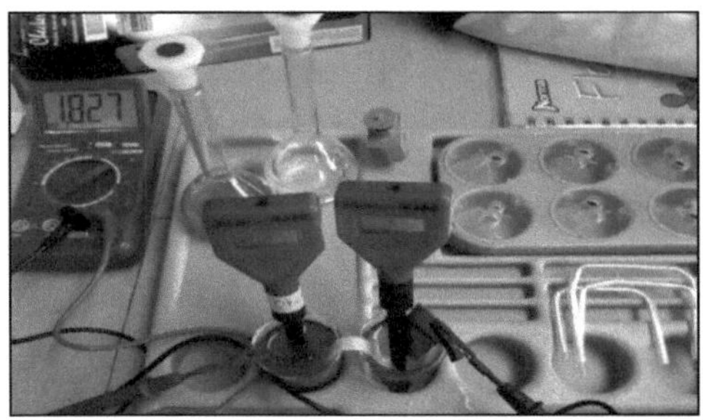

Objetivos generales del área de Ciencias Naturales

OG.CN.1. Desarrollar habilidades de pensamiento científico con el fin de lograr flexibilidad intelectual, espíritu indagador y pensamiento crítico; demostrar curiosidad por explorar el medio que les rodea y valorar la naturaleza como resultado de la comprensión de las interacciones entre los seres vivos y el ambiente físico

Objetivos específicos de la Química para el nivel de Bachillerato.

O.CN.Q.5.5. Identificar los elementos químicos y sus compuestos principales desde la perspectiva de su importancia económica, industrial, medioambiental y en la vida diaria.

Objetivos de la Unidad

1. Analizar la importancia de los estados de oxidación en la formación de compuestos químicos.
2. Interpretar los mecanismos de formación de óxidos, hidróxidos, ácidos e hidruros, considerando dos formas de obtención, mediante reacción química y de forma rápida
3. Analizar diferentes nomenclaturas químicas que se utilizan para nombrar a los compuestos químicos.

VALENCIAS Y ESTADOS DE OXIDACIÓN

CN.Q.5.2.2. Comparar y examinar los valores de valencia y número de oxidación, partiendo del análisis de la electronegatividad, del tipo de enlace intramolecular y de las representaciones de Lewis de los compuestos químicos.

La nomenclatura química es un conjunto de reglas o fórmulas que se utilizan para nombrar todos los elementos y los compuestos químicos. Existen 3 tipos de nomenclaturas que se pueden utilizar para nombrar a los diferentes compuestos: Clásica o tradicional, Stock, Sistemática o IUPAC.

Para cualquiera de éstas es necesario conocer los estados de oxidación de los átomos de elementos químicos, los que se intercambian para formar la relación numérica de moles de elementos y compuestos.

Valencia

Es un número entero sin signo (valor absoluto) que hace referencia al número de electrones que el átomo de un elemento posee en su último nivel de energía, se relaciona con la cantidad de enlaces químicos que el átomo puede establecer.

Se puede conocer la valencia de un elemento químico al identificar el grupo de la tabla periódica en la que se encuentra el mismo.

Ejemplo:

Ca (Z=20): $1s^2,2s^2,2p^6,3s^2,3p^6,4s^2$. La Valencia del Calcio es 2, porque en su nivel de energía 4, que resulta ser el último, existen dos electrones

Estado de Oxidación

Es un número entero con signo, positivo o negativo, que hace referencia a la cantidad de electrones de valencia que el átomo de un elemento gana o pierde, al formar enlaces con otro átomo con la finalidad de llegar a tener la configuración del gas noble más próximo en la tabla periódica.

Ing. Mayorga-Román. M.G.   Dr. Pérez-Betancourt Y.

Ejemplo:
Elemento: Sodio
Símbolo: Na
Carácter químico: metal alcalino
Número Atómico (Z): 11
Masa Atómica (A): 22,9898
Número de protones/electrones: 11
Número de neutrones (N), (Isótopo 23-Na): 12
Distribución electrónica: [Ne] 3s1
Electrones en los niveles de energía: 2, 8, 1
Números de oxidación: +1

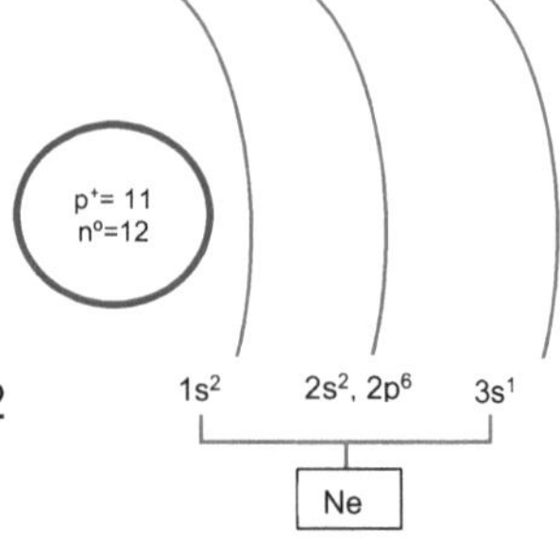

Figura 3.1. Distribución electrónica del Neón

El átomo de Sodio (Z=11), se encuentra en la tabla periódica más cerca del Neón (Z=10) que al Helio (Z=2) o del Argón (Z=18). Con la finalidad de llegar a tener la configuración electrónica del gas noble más cercano a él, perderá su único electrón de valencia y otro átomo ganará este electrón (enlace iónico). Luego de perder su electrón de valencia el átomo ya no es neutro, queda con 11 protones en el núcleo y 10 electrones en sus orbitales; de la diferencia de cargas resulta el estado de oxidación del elemento, en este caso: +1.

$$11^{+p}+10^{-e}=+1$$

Nomenclatura clásica o tradicional

Resulta de la combinación de dos palabras que establecen la identificación de un compuesto, basándose en la función química que lo constituye, se usan prefijos y sufijos. Ejemplo: (prefijo) Hipo – oso (sufijo).

Ejemplo: el compuesto ternario $HClO$, tiene por nombre: ácido Hipocloroso

Nomenclatura Stock

Resulta de colocar entre paréntesis e inmediatamente después del nombre del elemento un número romano que indica el estado de oxidación del mismo.
Ejemplo: el compuesto Fe_2O_3, tiene por nombre: Óxido de hierro (III).

Ing. Mayorga-Román. M.G.   Dr. Pérez-Betancourt Y.

Nomenclatura sistemática o IUPAC

Resulta de indicar las relaciones numéricas de los constituyentes de un compuesto. Formado a base de un sistema de prefijos y sufijos, que indican en el primer caso la estequiometria y en el segundo caso la naturaleza de las especies presentes.

Ejemplo: el compuesto CO, tiene por nombre: Monóxido de Carbono.

La formación de los compuestos químicos se da a través del intercambio de sus estados de oxidación, como se muestra en la siguiente figura:

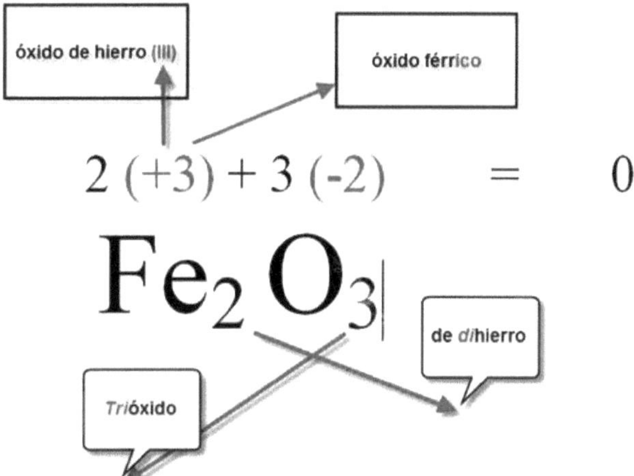

Figura 3.2. Intercambio de estados de oxidación

Ing. Mayorga-Román. M.G.   Dr. Pérez-Betancourt Y.

Estados de Oxidación de algunos elementos químicos

Tabla 3.1. Estados de oxidación de elementos utilizados con frecuencia

No metales			Metales con estado de oxidación fijo	
Elemento	**Estado de Oxidación**		**Elemento**	**Estado de Oxidación**
Hidrógeno	-1(uro)	+1 (de)	Litio (Li)	
Flúor (F)	-1 (uro)		Sodio (Na)	
Cloro (Cl) Bromo (Br) Iodo (I)	-1 (uro)	+1 (hipo-oso) +3 (oso) +5 (ico) +7 (per-ico)	Potasio (K) Rubidio (Rb) Cesio (Cs) Francio (Fr) Plata (Ag) Radical Amonio $(NH_4)^{+1}$	+1 (de)
Oxígeno (O)	-1, -2		Calcio (Ca)	
Azufre (S) Selenio (Se) Telurio (Te)	-2 (uro)	+2 (hipo-oso) +4 (oso) +6 (ico)	Estroncio (Sr) Bario (Ba) Radio (Ra)	+2 (de)
Fosforo (P) Arsénico (As) Antimonio (Sb)	-3 (uro)	+3 (oso) +5 (ico)	Magnesio (Mg) Cinc (Zn) Cadmio (Cd)	
Boro (B)	-3 (uro)	+3 (ico)	Aluminio (Al) Bismuto (Bi)	+3 (de)
Nitrógeno (N)	-3 (uro)	+1, +2, +3 (oso) +4, +5 (ico)	Circonio (Zr). Paladio (Pd)	+4 (de)
Carbono (C)	-4 (uro)	+2 (oso) +4 (ico)	Vanadio (V)	+5 (de)
Germanio (Ge) Silicio (Si)	-4 (uro)	+4 (ico)	Uranio (U) Wolframio (W) Molibdeno (Mo)	+6 (de)
			Tecnecio (Tc)	+7 (de)

Metales con estados de oxidación variable							
Cobre (Cu) Mercurio (Hg)	+1 (oso) +2 (ico)	Hierro (Fe) Níquel (Ni) Cobalto(Co)	+2 (oso) +3 (ico)	Oro (Au) Talio Tl)	+1 (oso) +3 (ico)	Plomo (Pb) Estaño (Sn) Platino (Pt)	+2 (oso) +4 (ico)

Manganeso (Mn)			Cromo (Cr)	
Metal	No metal		Metal	No metal
+2 (oso) +3 (ico)	+4 (oso) +6 (ico) +7 (per-ico)		+2 (oso) +3 (ico)	+6 (ico)

Aprendizaje autónomo

1. **Reflexiona y contesta.** En todas las preguntas debe justificar su respuesta.

   a. ¿En cuál de las siguientes alternativas el Manganeso actúa como hexavalente? Justifique su respuesta escribiendo los estados de oxidación en cada elemento

   H_3MnO_5 H_4MnO_4 $HMnO_4$ H_2MnO_4 H_6MnO_5

   b. ¿En cuál de las siguientes alternativas el Nitrógeno actúa como pentavalente? Justifique su respuesta escribiendo los estados de oxidación en cada elemento

   HNO_3 N_2O_3 HNO_2 HNO NH_3

   c. En la siguiente molécula del alumbre AlK(SO4)2*12H2O; indicar cuál de los elementos es trivalente. Encierre la respuesta y no olvide justificar su respuesta.

   Al   K   S   O   H

   d. Cuál de los siguientes elementos es únicamente divalente. Encierre la respuesta y no olvide justificar su respuesta.

   Cu   S   Sr   Au   I

2. Realizando la distribución electrónica del Magnesio, responder: Cuando el Magnesio se combina con el elemento Cloro, cada átomo de Magnesio:
   a. Gana dos electrones
   b. Pierde un electrón
   c. No gana ni pierde electrones
   d. Pierde dos electrones
   e. Gana un electrón

3. Si se considera al elemento Galio (Z= 31) ¿Cuál será su número de oxidación característico?

Ing. Mayorga-Román. M.G.   Dr. Pérez-Betancourt Y.

NOMENCLATURA QUÍMICA DE ÓXIDOS METÁLICOS Y ANHÍDRIDOS

CN.Q.5.2.3. Examinar y clasificar la composición, formulación y nomenclatura de los óxidos, así como el método a seguir para su obtención (vía directa o indirecta) mediante la identificación del estado natural de los elementos a combinar y la estructura electrónica de los mismos.

Esquema general de formación de compuestos químicos

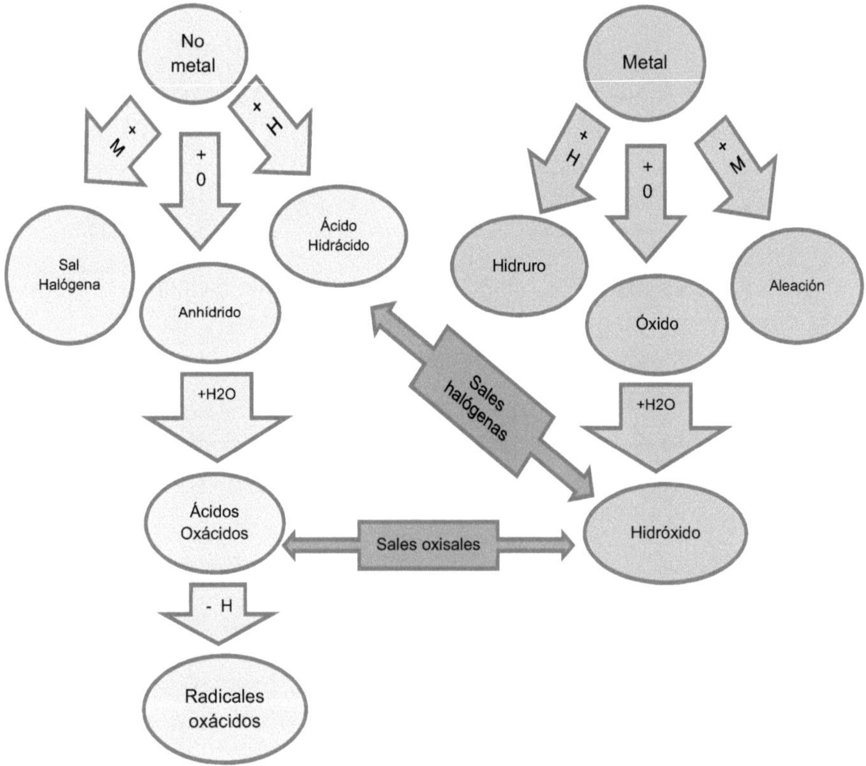

Figura 3.3. Esquema general de formación de compuestos

Ing. Mayorga-Román. M.G.   Dr. Pérez-Betancourt Y.

Óxidos metálicos

Son compuestos químicos binarios que resultan de la combinación de un Metal **(M)** con su estado de oxidación positivo (+) y el Oxígeno **(O)** con su estado de oxidación negativo (-2).

Formación

Al igual que los compuestos estudiados con anterioridad, los estados de oxidación se intercambian entre sí, llegando a constituirse en los subíndices de cada elemento en el compuesto

$$M^{+x} + O^{-2} \rightarrow M_2O_x$$

En la vida cotidiana estamos en contacto directo con diferentes óxidos metálicos. En la actualidad las personas siempre suelen traer algún tipo de aparato eléctrico en su bolso como: celulares, laptops. Lo que muchos pasan por alto es que estos aparatos para su funcionamiento requieren de circuitos. Los circuitos que estos manejan están compuestos de transistores. El transistor es: dispositivo electrónico semiconductor que cumple funciones de amplificador, oscilador, conmutador o rectificador. Los más comunes en los dispositivos electrónicos son los FET (Field Effect Transistor) transistores de efecto de campo que tienen un contenido MOS (Metal Oxide Semiconductor). Tomado: http://al-quimicos.blogspot.com

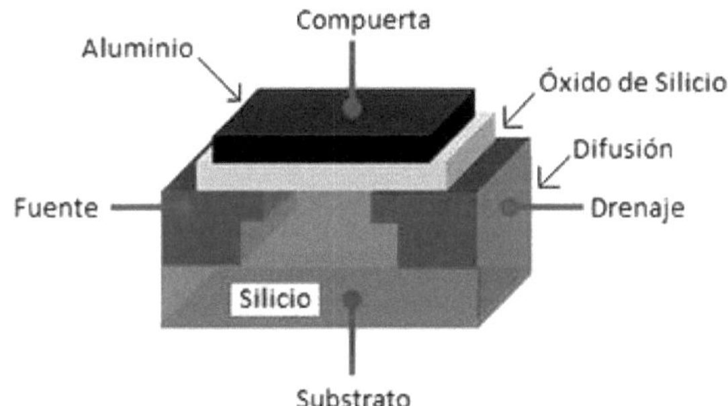

Figura 3.4. Transistor. Tomado: http://al-quimicos.blogspot.com

Nomenclatura Stock

a. Se escribe las palabras "Óxido de"
b. Nombre del metal seguido inmediatamente del número de oxidación con el que actúa entre paréntesis y con números romanos. Si el número de oxidación del metal es fijo no es necesario especificarlo.

67

FeO	Óxido de Hierro(II)
Fe_2O_3	Óxido de Hierro(III)
TiO_2	Óxido de Titanio(IV)
Cu_2O	Óxido de Cobre(I)
CuO	Óxido de Cobre(II)

Nomenclatura tradicional

a. Se escribe las palabras "Óxido"
b. Se escribe "de"
c. Se escribe el nombre del metal; si el metal es de valencia variable, se suprime "de" y su nombre termina en OSO o ICO, dependiendo de su estado de oxidación.

FeO	Fe_2O_3	Al_2O_3	CaO
Óxido ferroso	Óxido Férrico	Óxido de Aluminio	Óxido de Calcio
PbO_2	SnO	Ag_2O	Ni_2O_3
Óxido Plúmbico	Óxido Estannoso	Óxido de Plata	Óxido Niquélico
Cr_2O_3	ZrO_2	Li_2O	ZnO
Óxido Crómico	Óxido de Circonio	Óxido de Litio	Óxido de Cinc

Anhídridos

Son compuestos formados por un **No Metal** que utiliza su estado de oxidación positivo (+) más **Oxígeno** que actúa con su estado de oxidación negativo (-2). Este grupo de compuestos son también llamados **óxidos ácidos** u **óxidos no metálicos**.

NM= No metal

$$NM^{+}+O^{-2}=\text{Anhídrido}$$

Nomenclatura tradicional:

La nomenclatura tradicional de los anhídridos se realiza nombrando la palabra **anhídrido** seguido del elemento no metálico. Para ello se debe de tener en cuenta **el estado de oxidación** del elemento no metálico siguiendo los prefijos y sufijos anotados en la Tabla de estados de oxidación de elementos utilizados con frecuencia.

Nomenclatura de stock:

La nomenclatura de stock consiste en escribir la palabra **"óxido"** + **elemento no metálico** y a continuación el estado de oxidación del elemento no metálico en números romanos y entre paréntesis.

Nomenclatura sistemática:

La nomenclatura sistemática consiste en la utilización de un **prefijo** que depende del número de moles de cada elemento seguido de la expresión **"óxido"** MÁS el **elemento no metálico** precedido de un prefijo que indique su número de moles.

Compuesto	Nomenclatura Tradicional	Nomenclatura Stock	Nomenclatura sistemática
Cl_2O	Anhídrido Hipocloroso	Óxido de Cloro (I)	Monóxido de Dicloro
Br_2O_3	Anhídrido Bromoso	Óxido de Bromo (III)	Trióxido de Dibromo
I_2O_5	Anhídrido Iódico	Óxido de Iodo (V)	Pentaóxido de Di iodo
SeO	Anhídrido Hiposelenioso	Óxido de Selenio (II)	Monóxido de Selenio
SO_3	Anhídrido Sulfúrico	Óxido de Azufre (VI)	Trióxido de Azufre
P_2O_5	Anhídrido Fosfórico	Óxido de Fosforo (V)	Pentaóxido de Difósforo
SiO_2	Anhídrido Silícico	Óxido de Silicio (IV)	Dióxido de Silicio
CO_2	Anhídrido Carbónico	Óxido de Carbono (IV)	Dióxido de Carbono
CrO_3	Anhídrido Crómico	Óxido de Cromo (VI)	Trióxido de Cromo
Mn_2O_7	Anhídrido Permangánico	Óxido de Manganeso (VII)	Heptaóxido de Manganeso

Peróxidos

Los metales del grupo IA se combinan con el oxígeno para formar tres tipos de compuestos iónicos: óxidos, peróxidos y superóxidos. En los peróxidos está presente el ion óxido, $(O_2)^{-2}$, en el cual cada oxígeno tiene un número de oxidación -1, los superóxidos se forman de la reacción del K, Rb, Cs con exceso de oxígeno, el ion presente es el superóxido, $(O_2)^{-1}$, donde cada oxígeno tiene un número de oxidación de -1/2

$$2Na(s) + O_{2\,(g)} \rightarrow \frac{Na_2O_2\ (g)}{\text{peróxido de sodio}}$$

Ing. Mayorga-Román. M.G.   Dr. Pérez-Betancourt Y.

Peróxidos							
Li_2O_2	Na_2O_2	K_2O_2	Rb_2O_2	Cs_2O_2	CaO_2	SrO_2	BaO_2
Peróxido de Litio	Peróxido de Sodio	Peróxido de Potasio	Peróxido de Rubidio	Peróxido de Cesio	Peróxido de Calcio	Peróxido de Estroncio	Peróxido de Bario

Superóxidos			
NaO_2	KO_2	RbO_2	CsO_2
Superóxido de Sodio	Superóxido de Potasio	Superóxido de Rubidio	Superóxido de Cesio

Aprendizaje autónomo

Reflexiona y contesta.

1. ¿En cuál de las siguientes alternativas hay un solo elemento?

Sal común (Cloruro de sodio)	Azúcar de caña (sacarosa)	Oxígeno (ozono)	Hielo (agua)	Sosa Cáustica (Hidróxido de sodio)

2. ¿Qué alternativa es correcta?

El Au es divalente	El Pb no forma óxidos metálicos	El CrO3 es un óxido metálico	El MnO3 es un óxido metálico	El CO es un óxido metálico

3. Complete la siguiente tabla

Fórmula	Nomenclatura Tradicional	Nomenclatura Stock	Nomenclatura sistemática
Co_2O_3			
MnO_3			
Al_2O_3			
Cl_2O_5			

4. Complete la siguiente tabla

Fórmula	Nomenclatura Tradicional	Nomenclatura Stock	Nomenclatura sistemática
Fe_2O_3			
CrO_3			
			Pentaóxido de Di iodo
		Óxido de Carbono (IV)	
MnO			

Ing. Mayorga-Román. M.G.   Dr. Pérez-Betancourt Y.

NOMENCLATURA QUÍMICA DE HIDRÓXIDOS

CN.Q.5.2.4. Examinar y clasificar la composición, formulación y nomenclatura de los hidróxidos, diferenciar los métodos de obtención de los hidróxidos de los metales alcalinos del resto de metales e identificar la función de estos compuestos según la teoría de Brönsted-Lowry.

Los hidróxidos metálicos, llamados bases, tienen importancia fundamental en la vida de los seres humanos, algunos de sus usos son:

- El Hidróxido de sodio ($NaOH$), también llamado sosa cáustica se usa en la industria para elaborar papel y detergentes. En el hogar se usa como elemento de limpieza, cuando se mezcla con grasas forma glicerol que es en esencia una cera jabonosa.
- El Hidróxido de calcio $Ca(OH)_2$, llamada cal hidratada o cal muerta es usada en la construcción para fabricar morteros, en tratamientos potabilizadores de agua y en la industria química para fabricar pesticidas.
- El Hidróxido de Magnesio $Mg(OH)_2$, también llamado leche de magnesia, se usa como antiácido o laxante.

Existen dos formas de obtener los hidróxidos:
a. Forma rápida.
b. Mediante reacción química entre el óxido metálico con agua (**reacciones de combinación**).

Para formar los hidróxidos a partir del óxido básico y el agua es necesario recordar la ionización de la molécula del agua. El agua es un electrolito débil, poco disociado. Cuando ocurre esta disociación, existirán tanto iones hidrógenos o hidronios (carga positiva) como iones oxhidrilos o hidroxilos (carga negativa).

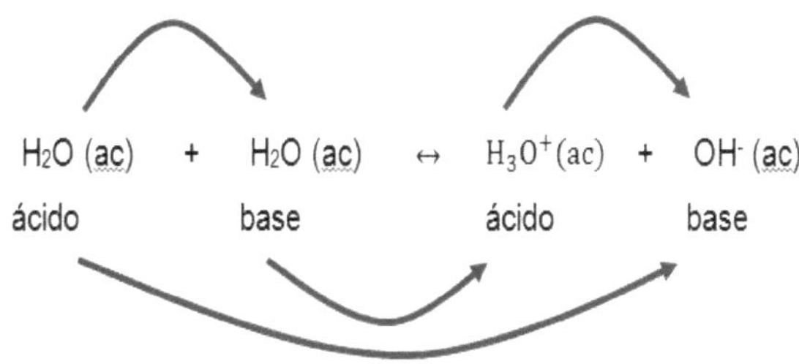

Figura 3.5. Ionización del agua

El diagrama la disociación de la molécula del agua sin considerar su hidratación es como sigue:

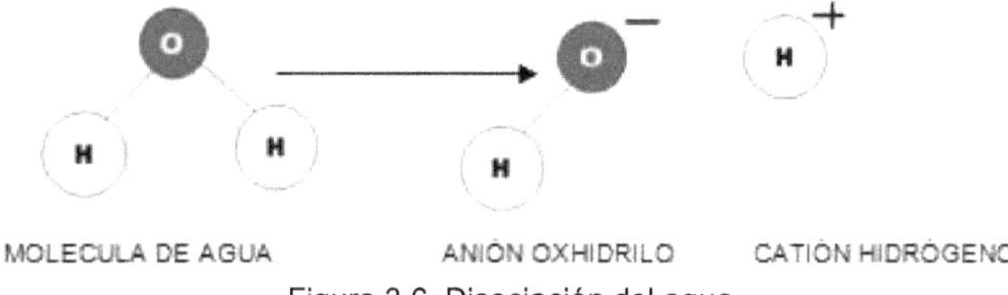

Figura 3.6. Disociación del agua

Nomenclatura tradicional

a. Palabra Hidróxido
b. Preposición "de"
c. Nombre del metal, si el metal tiene más de un estado de oxidación, se suprime la preposición "de" y el metal tiene la terminación OSO e ICO, de acuerdo al estado de oxidación utilizado.

Nomenclatura stock

a. Palabra Hidróxido
b. Preposición "de"
c. Nombre del metal, seguido del estado de oxidación del elemento en números romanos y entre paréntesis.

Nomenclatura IUPAC

a. Prefijo de cantidad que muestra el número de $(OH)^{-1}$, mono, di, tri, entre otros
b. palabra Hidróxido
c. Preposición "de"
d. Nombre del metal

Ing. Mayorga-Román. M.G.   Dr. Pérez-Betancourt Y.

Fórmula	Nomenclatura tradicional	Nomenclatura Stock	Nomenclatura IUPAC
$Ca(OH)_2$	Hidróxido de Calcio	Hidróxido de Calcio (II)	Dihidróxido de Calcio
$Fe(OH)_3$	Hidróxido Férrico	Hidróxido de Hierro (III)	Trihidróxido de Hierro
$Mn(OH)_3$	Hidróxido Mangánico	Hidróxido de Manganeso (III)	Trihidróxido de Manganeso
$Sn(OH)_4$	Hidróxido Estannico	Hidróxido de Estaño (IV)	Tetrahidróxido de Estaño
$Zn(OH)_2$	Hidróxido de Cinc	Hidróxido de Cinc (II)	Dihidróxido de Cinc

Formación rápida de óxidos

Al igual que los compuestos estudiados con anterioridad, los estados de oxidación se intercambian entre sí, llegando a constituirse en los subíndices de cada elemento en el compuesto. El metal con su estado de oxidación positivo reacciona con el grupo oxhidrilo.

$$M^{+x}+(OH)^{-1} \rightarrow M(OH)_x$$

$$Al^{+3}+(OH)^{-1} \rightarrow Al(OH)_3 \quad \text{Hidróxido de Aluminio}$$

Formación de óxidos mediante reacción química

El óxido metálico reacciona con tantas moles de agua como moles de oxígeno tenga el óxido. A continuación, se muestra ejemplos de reacciones de formación de hidróxidos, debidamente igualadas.

$$\frac{MgO}{\text{Óxido de Magnesio}} + \frac{H_2O}{\text{1 mol de agua}} \rightarrow \frac{Mg(OH)_2}{\text{Hidróxido de Magnesio}}$$

$$\frac{Fe_2O_3}{\text{Óxido Férrico}} + \frac{3\,H_2O}{\text{3 moles de agua}} \rightarrow \frac{2\,Fe(OH)_3}{\text{Hidróxido Férrico}}$$

Aprendizaje autónomo

1. **Reflexiona y contesta.** Escribe las tres nomenclaturas estudiadas de los siguientes hidróxidos.

Fórmula	Nomenclatura tradicional	Nomenclatura Stock	Nomenclatura IUPAC
$Al(OH)_3$			
$Pb(OH)_2$			
$Na(OH)$			
$V(OH)_5$			
$Fe(OH)_2$			

2. ¿Qué alternativa es correcta?

El Au es divalente	El Pb no forma óxidos metálicos	El $CrO3$ es un óxido metálico	El $MnO3$ es un óxido metálico	El CO es un óxido metálico

3. Escriba la reacción de obtención del Hidróxido Estannico, incluya los nombres de reactivos y productos.

4. Complete la siguiente tabla, de acuerdo a lo que falte

Fórmula	Nomenclatura tradicional	Nomenclatura Stock	Nomenclatura IUPAC
$Zr(OH)_4$	Hidróxido de Circonio		
		Hidróxido de Manganeso (II)	Dihidróxido de Manganeso
$Cs(OH)$			Monohidróxido de Cesio
	Hidróxido Cobaltico	Hidróxido de Cobalto (III)	
$Ba(OH)_2$			Dihidróxido de Bario

NOMENCLATURA QUÍMICA DE ÁCIDOS

> **N.Q.5.2.5.** Examinar y clasificar la composición, formulación y omenclatura de los ácidos: hidrácidos y oxácidos, e identificar la unción de estos compuestos según la teoría de Brönsted-Lowry.

ÁCIDOS HIDRÁCIDOS DE LOS GRUPOS VI A, VII A

Los ácidos hidrácidos se forman por la combinación de un **No Metal** que trabaja con su estado de oxidación **negativo (-)** y el **Hidrógeno** que trabaja con su estado de oxidación positivo (+1), los mismos que se intercambian, llegando a ser los subíndices del elemento contrario.

H= hidrógeno, NM= No metal

$$H^{+1}+N\,M^{-}=\text{ácido hidrácido}$$

Nomenclatura tradicional

Nombre de la función (Ácido) + Nombre del No Metal + terminado en (hídrico)

$$\text{Ejemplo: } H^{+1}+Cl^{-1}= \text{ (HCl) Ácido Clorhídrico}$$

Nomenclatura sistemática

Nombre del no metal + Uro + de + Prefijo "mono (1), Di (2) + Hidrógeno

$$\text{Ejemplo: } H^{+1}+Cl^{-1} \text{ (HCl) Cloruro de Mono Hidrógeno}$$

Compuesto	Nombre tradicional	Nombre sistemático
HF	Ácido Fluorhídrico	Fluoruro de Mono Hidrógeno
HCl	Ácido Clorhídrico	Cloruro de Mono Hidrógeno
HBr	Ácido Bromhídrico	Bromuro de Mono Hidrógeno
HI	Ácido Iodhídrico	Ioduro de Mono Hidrógeno
H_2S	Ácido Sulfhídrico	Sulfuro de Di Hidrógeno
H_2Se	Ácido Selenhídrico	Seleniuro de Di Hidrógeno
H_2Te	Ácido Telurhídrico	Telururo de Di Hidrógeno

COMPUESTOS ESPECIALES DE LOS GRUPOS IV A, V A

Compuesto	Nombre tradicional	Nombre sistemático
NH_3	Amoniaco	Nitruro de Tri Hidrógeno
PH_3	Fosfamina	Fosfuro de Tri Hidrógeno
AsH_3	Arsenamina	Arseniuro de Tri Hidrógeno
SbH_3	Estibamina	Antimoniuro de Tri Hidrógeno
CH_4	Metano	Carbonuro de Tetra Hidrógeno
SiH_4	Silano	Siliciuro de Tetra Hidrógeno
GeH_4	Germanano	Germaniuro de Tetra Hidrógeno

RADICALES HALÓGENOS

Los radicales halógenos resultan de la pérdida teórica total o parcial de hidrógenos de los ácidos hidrácidos, se los utilizará más adelante en la formación rápida de sales halógenas neutras, ácidas, básicas, dobles y mixtas.

Formación

$$(H^{+1}+NM^-)- H^{+1} \rightarrow (NM)^-$$

H= hidrógeno
NM= No metal

Nomenclatura

Se elimina la palabra ácido y se cambia la *terminación hídrica* por URO

$$\frac{H_2S}{\text{Sulfuro de Hidrógeno}} - \frac{2\,H}{\text{hidrógenos}} \rightarrow \frac{S^{-2}}{\text{Sulfuro}}$$

$$\frac{H_2S}{\text{Sulfuro de Hidrógeno}} - \frac{1\,H}{\text{hidrógeno}} \rightarrow \frac{(HS)^{-1}}{\text{Sulfuro ácido}}$$

$$\frac{HCl}{\text{Cloruro de Hidrógeno}} - \frac{H}{\text{hidrógeno}} \rightarrow \frac{Cl^{-1}}{\text{Cloruro}}$$

Los **radicales ácidos** se forman únicamente cuando el ácido hidrácido posee más de un hidrógeno en su estructura. Ejemplo: H_2S (Ácido sulfhídrico o Sulfuro de hidrógeno), éstos radicales se utilizarán en la formación de sales halógenas ácidas.

ÁCIDOS OXÁCIDOS

Los ácidos Oxácidos, llamados Oxoácidos, son compuestos ternarios que tienen como estructura básica:

$$H^{+1}+NM^{+}+O^{-2}=\text{ácido oxácido}$$

Donde **NM** es el no metal que actúa con su estado de oxidación positivo, el Hidrógeno (**H**) utiliza su estado de oxidación **+1** y el Oxígeno (**O**) su estado de oxidación -**2**.

Formación de ácidos oxácidos de forma directa

a. Se escribe la estructura básica del ácido oxácido, $(H^{+1})+(NM^{+})+(O^{-2})$, cada elemento debe tener su estado de oxidación con el signo que le corresponde.
b. Se suman los valores absolutos de las cargas positivas, el resultado se divide entre el valor absoluto del estado de oxidación negativo.
c. Si el resultado de la suma resulta ser un número impar, será necesario aumentar en una unidad el número de hidrógenos.

$$H^{+1}Cl^{+5}O^{-2}=HClO_3 \quad \text{Ácido Clórico} \quad H_2^{2+}S^{+6}O^{-2}=H_2SO_4 \quad \text{Ácido Sulfúrico}$$

Obtención de ácidos oxácidos por reacción química

Los ácidos Oxácidos también se los puede obtener a partir de la reacción entre el anhídrido y el agua. La reacción que caracteriza a esta formación se conoce como reacción de combinación o formación. Se caracteriza porque el anhídrido reacciona con UN solo mol de agua.

Anhídrido+1 mol de agua →ácido oxácido (**Reacción de combinación**)

$$\frac{N_2O_5}{\text{Anhídrido Nítrico}} + \frac{H_2O}{\text{Agua}} \rightarrow \frac{2\,HNO_3}{\text{Ácido Nítrico}} \quad \text{(ecuación igualada)}$$

$$\frac{CO_2}{\text{Anhídrido Carbónico}} + \frac{H_2O}{\text{Agua}} \rightarrow \frac{H_2CO_3}{\text{Ácido Carbónico}} \quad \text{(ecuación igualada)}$$

$$\frac{SO_3}{\text{Anhídrido Sulfúrico}} + \frac{H_2O}{\text{Agua}} \rightarrow \frac{H_2SO_4}{\text{Ácido Sulfúrico}} \quad \text{(ecuación igualada)}$$

$$\frac{I_2O}{\text{Anhídrido Hipoiodoso}} + \frac{H_2O}{\text{Agua}} \rightarrow \frac{2HIO}{\text{Ácido Hipoiodoso}} \quad \text{(ecuación igualada)}$$

Ing. Mayorga-Román. M.G.   Dr. Pérez-Betancourt Y.

Algunos anhídridos reaccionan con una, dos y hasta tres moles de agua, dando lugar a los META, PIRO y ORTO ácidos. A continuación, se muestran las ecuaciones igualadas de obtención de algunos de ellos.

As_2O_3(anhídrido arsenioso)+1

H_2O(agua)=2 $HAsO_2$(ácido META arsenioso)

P_2O_3(anhídrido fosforoso)+2 H_2O(agua)=$H_4P_2O_5$(ácido PIRO fosforoso)

B_2O_3(anhídrido bórico)+3 H_2O(agua)=2 H_3BO_3(ácido ORTO bórico)

Tabla 3.2. Ácidos oxácidos especiales

Ácidos oxácidos comunes		Compuestos especiales P, As, Sb Meta oso=112, Meta ico=113 Piro oso= 425, Piro ico= 427 Orto oso=313, Orto ico= 314			
Fórmula	Nomenclatura tradicional	Fórmula	Nomenclatura tradicional	Fórmula	Nomenclatura Tradicional
HClO	Ácido Hipocloroso	HPO_2	Ácido Metafosforoso	HPO_3	Ácido Metafosforico
$HBrO_2$	Ácido Bromoso	$H_4P_2O_5$	Ácido Pirofosforoso	$H_4P_2O_7$	Ácido Pirofosforico
		H_3PO_3	Ácido Ortofosforoso	H_3PO_4	Ácido Ortofosfórico
HIO_3	Ácido Iódico	$HAsO_2$	Ácido Metaarsenioso	$HAsO_3$	Ácido Metaarsenico
		$H_4As_2O_5$	Ácido Piroarsenioso	$H_4As_2O_7$	Ácido Piroarsenico
$HClO_4$	Ácido perclórico	H_3AsO_3	Ácido Ortoarsenioso	H_3AsO_4	Ácido Ortoarsenico
H_2SO_2	Ácido Hiposelenioso	$HSbO_2$	Ácido Metaantimonioso	$HSbO_3$	Ácido Metaantimonico
HNO_3	Ácido Nítrico	$H_4Sb_2O_5$	Ácido Piroantimonioso	$H_4Sb_2O_7$	Ácido Piroantimonico
H_2TeO_3	Ácido Teluroso	H_3SbO_3	Ácido Ortoantimonioso	H_3SbO_4	Ácido Ortoantimonico
H_2TeO_4	Ácido Telúrico	Compuestos especiales C Meta ico=213; Orto ico= 414			
H_2SO_4	Ácido Sulfúrico	H_2CO_3		H_4CO_4	
		Ácido Metacarbónico o Ácido Carbónico		Ácido Ortocarbónico	
HNO_3	Ácido Nítrico	Compuestos especiales B Meta ico=112; Piro ico= 425; Orto ico= 313			
		HBO_2	$H_4B_2O_5$	H_3BO_3	
H_2CO_2	Ácido Carbonoso	Ácido Metabórico	Ácido Pirobórico	Ácido Ortobórico Ácido Bórico	
		Compuestos especiales Mn			
H_2CrO_4	Ácido Crómico	H_2MnO_3	H_2MnO_4	$HMnO_4$	
$H_2Cr_2O_7$	Ácido Dicrómico	Ácido Manganoso	Ácido Mangánico	Ácido Permangánico	

Ing. Mayorga-Román. M.G.   Dr. Pérez-Betancourt Y.

Nomenclatura tradicional

a. Se escribe la palabra ácido
b. Seguido del nombre del No Metal con los prefijos y/o sufijos de acuerdo al estado de oxidación utilizado.

Nomenclaturas STOCK

a. Se indica mediante un prefijo (mono, di tri, tetra) el número de oxígenos (terminado en "oxo")
b. Nombre del elemento central en "ato", indicando entre paréntesis el número de oxidación de éste
c. Palabras "de hidrógeno".

Nomenclatura sistemática Funcional

La nomenclatura simplificada empieza el nombre del compuesto por la palabra "ácido" seguido por el número de oxígenos terminando en *"oxo"* y finalmente el nombre del elemento central terminado en *"ico"*, indicando el número de oxidación entre paréntesis en números romanos.

Fórmula	Nomenclatura Stock	Nomenclatura sistemática funcional
HNO_2	Dioxonitrato (III) de hidrógeno	Ácido dioxonítrico (III)
H_2SO_3	Trioxosulfato (IV) de hidrógeno	Ácido trioxosulfúrico (IV)
HIO_4	Tetraoxoyodato (VII) de hidrógeno	Ácido tetraoxoyódico (VII)
H_2CrO_4	Tetraoxocromato (VI) de hidrógeno	Ácido tetraoxocrómico (VI)
H_2SO_2	Dioxosulfato (II) de hidrógeno	Ácido dioxosulfúrico (II)
HIO	Monoxoyodato (I) de hidrógeno	Ácido monoxoyódico (I)

RADICALES OXÁCIDOS

Los radicales oxácidos resultan de la eliminación teórica de los hidrógenos de un ácido oxácido, son de utilidad en la formación de sales oxisales neutras, ácidas, básicas, dobles y mixtas que se abordará más adelante. NM= no metal

$$\left(H^{+1}+NM^{+}+O^{-2}\right) - H^{+1} \rightarrow \left(NM^{+}+O^{-2}\right)^{-1}$$

Nomenclatura

Se escribe el nombre del ácido cambiando la terminación, de acuerdo a:

OSO= ITO,   ICO= ATO

$$\frac{H_2SO_4}{\text{ácido sulfúrico}} - \frac{2\,H}{\text{hidrógenos}} \rightarrow \frac{(SO_4)^{-2}}{\text{radical sulfato}}$$

$$\frac{H_2SO_4}{\text{ácido sulfúrico}} - \frac{1\,H}{\text{hidrógeno}} \rightarrow \frac{(HSO_4)^{-1}}{\text{radical sulfato ácido}}$$

$$\frac{H_3BO_3}{\text{ácido Bórico}} - \frac{3\,H}{\text{hidrógenos}} \rightarrow \frac{(BO_3)^{-3}}{\text{radical Borato}}$$

$$\frac{H_3BO_3}{\text{ácido Bórico}} - \frac{2\,H}{\text{hidrógenos}} \rightarrow \frac{(HBO_3)^{-2}}{\text{radical Borato ácido}}$$

$$\frac{H_3BO_3}{\text{ácido Bórico}} - \frac{1\,H}{\text{hidrógenos}} \rightarrow \frac{(H_2BO_3)^{-1}}{\text{radical Borato diácido}}$$

Los radicales ácidos se forman únicamente cuando el ácido Oxácido posee más de un hidrógeno en su estructura. Ejemplo: H_2SO_4 (ácido Sulfúrico).

Aprendizaje autónomo

1. **Reflexiona y contesta.** Escribe las tres nomenclaturas estudiadas de los siguientes ácidos oxácidos.

Fórmula	Nomenclatura tradicional	Nomenclatura sistemática	Nomenclatura sistemática funcional
HNO_3			
$HBrO_4$			
$H_2Cr_2O_7$			
H_4CO_4			

2. Forme los radicales de los siguientes compuestos

Fórmula	Nombre	Radical ácido		Radical di ácido	
		Fórmula	Nombre	Fórmula	Nombre
H_4CO_4					
H_3PO_4					
H_3SbO_3					
$H_4B_2O_5$					

3. Escriba la reacción de obtención del ácido piroarsenico, incluya los nombres de reactivos y productos.

____

4. Escriba la reacción de obtención del ácido nítrico, incluya los nombres de reactivos y productos.

____

5. Escriba la reacción de obtención del ácido bórico, incluya los nombres de reactivos y productos.

____

NOMENCLATURA QUÍMICA DE HIDRUROS METÁLICOS

CN.Q.5.2.7. Examinar y clasificar la composición, formulación y nomenclatura de los hidruros, diferenciar los metálicos de los no metálicos y estos últimos de los ácidos hidrácidos, resaltando las diferentes propiedades.

Son compuestos binarios que resultan de la combinación del hidrógeno, como especie iónica, H^{-1}, (hidruro); con metales alcalinos y alcalino térreos.

Nomenclatura

a. Palabra Hidruro.
b. Preposición "de".
c. Nombre del metal; si el metal tiene más de un estado de oxidación, se suprime la preposición "de" y toma la terminación OSO o ICO, de acuerdo al estado de oxidación utilizado.

Formación de hidruros de forma directa

a. Se intercambia los estados de oxidación del H (-1) con el estado de oxidación del metal.

$$H^{-1} + M^{+} = hidruro$$

Obtención de ácidos oxácidos por reacción química

$$2\ Li\ (l) + H_2(g) \rightarrow \frac{2\ LiH\ (s)}{Hidruro\ de\ litio}$$

$$2\ K\ (l) + H_2(g) \rightarrow \frac{2\ KH\ (s)}{Hidruro\ de\ potasio}$$

Aprendizaje autónomo

1. Escribe los hidruros de los metales alcalinos y alcalino térreos

Ing. Mayorga-Román. M.G.   Dr. Pérez-Betancourt Y.

COMPUESTOS QUÍMICOS: SALES HALÓGENAS Y OXISALES

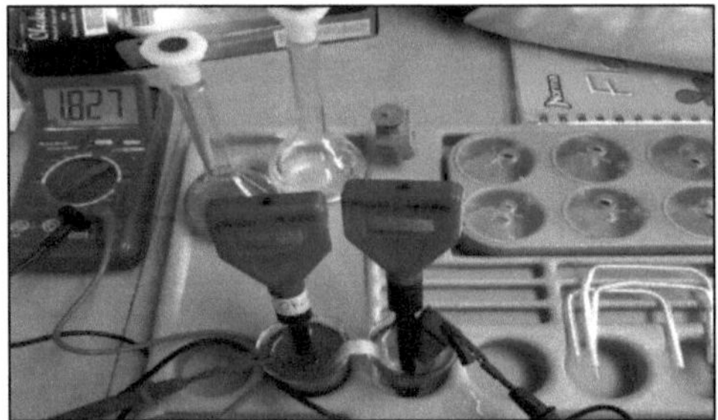

Objetivos generales del área de Ciencias Naturales

OG.CN.1. Desarrollar habilidades de pensamiento científico con el fin de lograr flexibilidad intelectual, espíritu indagador y pensamiento crítico; demostrar curiosidad por explorar el medio que les rodea y valorar la naturaleza como resultado de la comprensión de las interacciones entre los seres vivos y el ambiente físico

Objetivos específicos de la Química para el nivel de Bachillerato.

O.CN.Q.5.5. Identificar los elementos químicos y sus compuestos principales desde la perspectiva de su importancia económica, industrial, medioambiental y en la vida diaria.

Objetivos de la Unidad

1. Analizar la importancia de los estados de oxidación en la formación de compuestos químicos.
2. Interpretar los mecanismos de formación de sales halógenas y oxisales: neutras, ácidas, básicas, dobles y mixtas, considerando dos formas de obtención, mediante reacción química y de forma rápida.
3. Analizar diferentes nomenclaturas químicas que se utilizan para nombrar a los compuestos químicos.

Ing. Mayorga-Román. M.G.   Dr. Pérez-Betancourt Y.

NOMENCLATURA QUÍMICA DE SALES HALOGENAS NEUTRAS

CN.Q.5.2.6. Examinar y clasificar la composición, formulación y nomenclatura de las sales, identificar claramente si provienen de un ácido oxácido o un hidrácido y utilizar correctamente los aniones simples o complejos, reconociendo la estabilidad de estos en la ormación de distintas sales.

SALES HALÓGENAS

Las sales halógenas se clasifican en neutras, ácidas, básicas, dobles y mixtas, dependiendo del tipo de ácido y base que reaccionen o combinen.

El texto tratará la formación de las sales considerando:
   a. la formación rápida, en la que se utiliza   los radicales halógenos que se estudió con anterioridad, y
   b. la formación por reacción química, en la que se   considera la reacción química entre un ácido hidrácido y un hidróxido metálico

SALES HALÓGENAS NEUTRAS

Nomenclatura tradicional:

   a. Nombre del radical halógeno.
   b. Preposición "de".
   c. Nombre del metal; si el metal tiene más de un estado de oxidación, se suprime la preposición "de" y el metal tiene la terminación OSO e ICO, de acuerdo al estado de oxidación utilizado.

Formación rápida

Son compuestos binarios que se forman de la reacción entre un Metal (M) con su estado de oxidación positivo (catión) y un No Metal (NM) con su estado de oxidación negativo.

87

$$\frac{M^{+x}}{\text{Metal}} + \frac{NM^{-y}}{\text{No metal}} \rightarrow \frac{M_yNM_x}{\text{Sal halógena neutra}}$$

Ejemplos

$$\frac{Ca^{+2}}{\text{ion Calcio}} + \frac{Cl^{-1}}{\text{radical Cloruro}} \rightarrow \frac{CaCl_2}{\text{Cloruro de Calcio}}$$

$$\frac{Mg^{+2}}{\text{ion magnesio}} + \frac{Cl^{-1}}{\text{radical Cloruro}} \rightarrow \frac{MgCl_2}{\text{Cloruro de Magnesio}}$$

$$\frac{Na^{+1}}{\text{catión sodio}} + \frac{S^{-2}}{\text{radical Sulfuro}} \rightarrow \frac{Na_2S}{\text{Sulfuro de Sodio}}$$

$$\frac{Co^{+3}}{\text{catión cobaltico}} + \frac{I^{-1}}{\text{radical Ioduro}} \rightarrow \frac{CoI_3}{\text{Ioduro Cobaltico}}$$

Formación por reacción química

Una sal halógena neutra se produce por la reacción entre un ácido hidrácido y un hidróxido metálico. Para formar sales halógenas neutras, el número de hidrógenos del ácido DEBE SER IGUAL al número de hidroxilos de la base, lo que se logra igualando al tanteo las especies químicas mencionadas. Como producto de reacción se tiene una sal halógena neutra más un número de moles de agua que numéricamente es igual a la cantidad de H^{+1} y OH^{-1} existentes en los compuestos.

El tipo de reacción química que se aborda en el presente caso, se conoce como **reacción de neutralización.**

$$\text{No. de } H^{+1} \text{ (del ácido)} = \text{No. } (OH)^{-1} \text{(de la base)}$$

Ejemplo:

$$\frac{HCl}{\text{Ácido Clorhídrico}} + \frac{Na(OH)}{\text{Hidróxido de Sodio}} \rightarrow \frac{NaCl}{\text{Cloruro de Sodio}} + \frac{H_2O}{\text{Agua}}$$

$$\frac{H_2S}{\substack{1\ mol\ de \\ \text{Ácido Sulfhídrico}}} + \frac{2\ Cu(OH)}{\substack{2\ moles\ de \\ \text{Hidróxido Cuproso}}} \rightarrow \frac{Cu_2S}{\substack{1\ mol\ de \\ \text{Sulfuro Cuproso}}} + \frac{2\ H_2O}{\substack{2\ moles\ de \\ \text{Agua}}}$$

$$\frac{H_2Se}{\substack{1\ mol\ de \\ \text{Seleniuro de Hidrógeno}}} + \frac{Hg(OH)_2}{\substack{1\ mol\ de \\ \text{Hidróxido Mercúrico}}} \rightarrow \frac{HgSe}{\substack{1\ mol\ de \\ \text{Seleniuro Mercúrico}}} + \frac{2\ H_2O}{\substack{2\ moles\ de \\ \text{Agua}}}$$

Aprendizaje autónomo

1. Completar las siguientes reacciones de obtención de sales halógenas neutras

   a) Ácido Clorhídrico +Hidróxido de Aluminio

   b) Nitruro de Hidrógeno + Hidróxido Férrico

   c) Ácido Yodhídrico + Hidróxido Crómico

NOMENCLATURA QUÍMICA DE SALES HALOGENAS ÁCIDAS

CN.Q.5.2.6. Examinar y clasificar la composición, formulación y nomenclatura de las sales, identificar claramente si provienen de un ácido oxácido o un hidrácido y utilizar correctamente los aniones simples o complejos, reconociendo la estabilidad de estos en la formación de distintas sales.

Los radicales ácidos son especies químicas que resultan de la pérdida parcial de hidrógenos del ácido hidrácido. Ejemplo:

$$H_2S \ - \ 1H \rightarrow \frac{(HS)^{-1}}{\text{Sulfuro ácido}}$$

$$H_2Te \ - \ 1H \rightarrow \frac{(HTe)^{-1}}{\text{Teluro ácido}}$$

Nomenclatura tradicional:

a. Nombre del radical ácido.
b. Preposición "de".
d. Nombre del metal; si el metal tiene más de un estado de oxidación, se suprime la preposición "de" y el metal tiene la terminación OSO e ICO, de acuerdo al estado de oxidación utilizado.

Formación rápida

Son compuestos ternarios que se forman de la reacción entre un Metal con su estado de oxidación positivo y un radical ácido con su estado de oxidación negativo. Los estados de oxidación del metal y del radical se intercambian y se simplifican si fuera posible.

$$\frac{M^{+x}}{\text{Metal}} + \frac{(H.NM)^{-y}}{\text{Radical ácido}} \rightarrow \frac{M_y(H.NM)_x}{\text{Sal halógena ácida}}$$

Ejemplos

$$\frac{Na^{+1}}{\text{ion Sodio}} + \frac{(HS)^{-1}}{\text{Sulfuro ácido}} \rightarrow \frac{Na(HS)}{\text{Sulfuro ácido de sodio}}$$

$$\frac{Fe^{+2}}{\text{ion ferroso}} + \frac{(HN)^{-2}}{\text{Nitruro ácido}} \rightarrow \frac{Fe(HN)}{\text{Nitruro ácido ferroso}}$$

Formación por reacción química

Una sal halógena ácida se produce por la reacción entre un ácido hidrácido y un hidróxido metálico, en el cual el **número de hidrógenos del ácido debe ser mayor al número de oxhidrilos de la base, en un número que el nombre del compuesto lo indique.** La reacción química producirá la sal correspondiente y tantas moles de agua como $(OH)^{-1}$ de la base haya.

$$\text{No. de } H^{+1} \text{ (del ácido)} > \text{No. } (OH)^{-1} \text{(de la base)}$$

Ejemplos:

$$H_2S + Cu(OH) \rightarrow Cu(HS) \text{ (Sulfuro ácido cuproso)} + H_2O$$

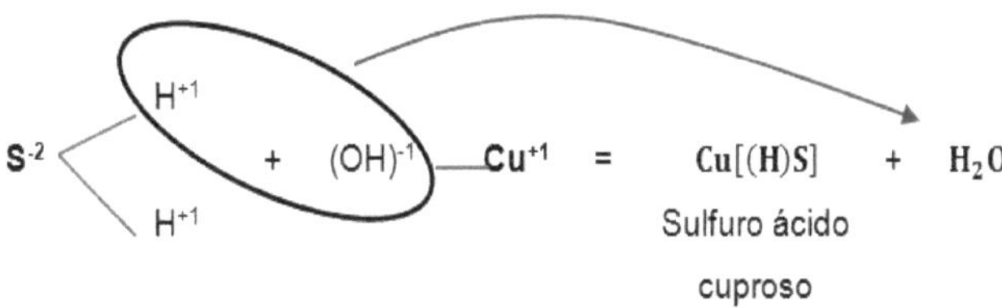

Figura 4.1. Formación del Sulfuro ácido cuproso

$$\frac{H_2S}{\text{Sulfuro de hidrógeno}} + \frac{Na(OH)}{\text{Hidróxido de Sodio}} \rightarrow \frac{Na(HS)}{\text{Sulfuro ácido de sodio}} + \frac{H_2O}{\text{Agua}}$$

¿Cómo recordar el nombre de una sal si se dispone de su fórmula química?

Es fundamental que los estudiantes conozcan los estados de oxidación de los principales elementos químicos mostrados en la tabla 14 estados de oxidación de elementos utilizados con frecuencia.

Ing. Mayorga-Román. M.G.   Dr. Pérez-Betancourt Y.

Pasos para adjudicar el nombre del compuesto, conociendo su fórmula química

a. Adjudicar los estados de oxidación del metal y no metal, recordando que:

- Metal tiene estado de oxidación positivo.
- No Metal tiene estado de oxidación negativo y su terminación es URO.
- Hidrógeno tiene siempre estado de oxidación +1, excepto que se trate de un hidruro metálico.

$Na^{+1}(H^{+1}S^{-2})^{-1}$ Se nombrará de derecha a izquierda→Sulfuro ácido de sodio

b. En este punto es oportuno recordad que el estado de oxidación del radical resulta de la suma algebraica de los estados de oxidación de los elementos que se encuentran al interior de paréntesis. Ejemplo:

$$(H^{+1}S^{-2})^{-1}$$

Aprendizaje autónomo

2. Completar las siguientes reacciones de obtención de sales halógenas mono ácidas

a) Ácido Sulfhídrico +Hidróxido Talioso

b) Metano + Hidróxido Férrico

NOMENCLATURA QUÍMICA DE SALES HALOGENAS BÁSICAS

ᴐN.Q.5.2.6. Examinar y clasificar la composición, formulación y ⸱omenclatura de las sales, identificar claramente si provienen de un ⸱cido oxácido o un hidrácido y utilizar correctamente los aniones ⸱imples o complejos, reconociendo la estabilidad de estos en la ⸱rmación de distintas sales.

Los radicales básicos son especies químicas que resultan de la sustitución parcial de $(OH)^{-1}$ de la base por hidrógenos del ácido.

$$\frac{[(M)^+(OH)^-]^{+x}}{\text{Radical básico}} + \frac{(NM)^{-y}}{\text{No metal}} = \frac{[(M)^+(OH)^-]_y(NM)_x}{\text{Sal halógena básica}}$$

Nomenclatura tradicional

a. Nombre del radical básico
b. Preposición "de"
e. Nombre del metal; si el metal tiene más de un estado de oxidación, se suprime la preposición "de" y el metal tiene la terminación OSO e ICO, de acuerdo al estado de oxidación utilizado.

Formación rápida

Son compuestos cuaternarios que se forman de la reacción entre un no metal con su estado de oxidación negativo y un radical básico con su estado de oxidación positivo. Los estados de oxidación del no metal y del radical se intercambian y se simplifican si fuera el caso.

Formación por reacción química

Una sal halógena básica se produce por la reacción entre un ácido hidrácido y un hidróxido metálico, en el cual el **número de oxhidrilos de la base ser mayor al número de hidrógenos del ácido, en un número que el nombre**

del compuesto lo indique. La reacción química producirá la sal correspondiente y tantas moles de agua como $(H)^{+1}$ en el ácido hubiesen.

$$No.\ (OH)^{-1}(de\ la\ base) > No.\ de\ H^{+1}\ (del\ ácido)$$

Ejemplos:

$$H_2S + Al(OH)_3 \rightarrow Al(OH)S\ (Sulfuro\ básico\ de\ Aluminio) + 2\ H_2O$$

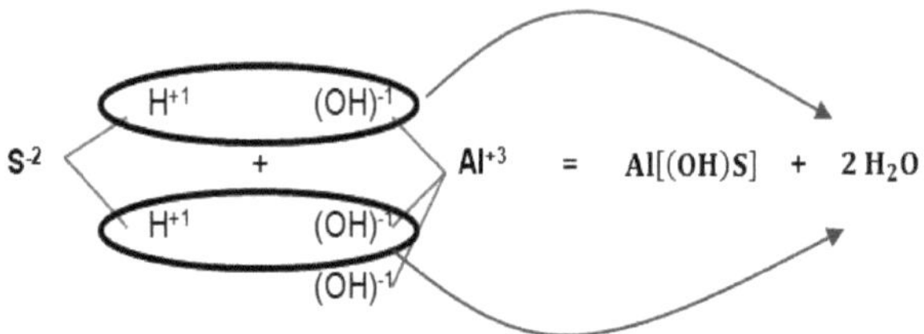

Figura 4.2. Formación del Sulfuro básico de aluminio

$$\frac{HI}{\text{Ioduro de hidrógeno}} + \frac{Mn(OH)_3}{\text{Hidróxido Mangánico}} \rightarrow \frac{Mn[(OH)_2I]}{\text{Ioduro dibásico mangánico}} + \frac{H_2O}{\text{Agua}}$$

Ing. Mayorga-Román. M.G.   Dr. Pérez-Betancourt Y.

NOMENCLATURA QUÍMICA DE SALES HALOGENAS DOBLES

CN.Q.5.2.6. Examinar y clasificar la composición, formulación y nomenclatura de las sales, identificar claramente si provienen de un ácido oxácido o un hidrácido y utilizar correctamente los aniones simples o complejos, reconociendo la estabilidad de estos en la formación de distintas sales.

Las sales halógenas dobles tienen en su estructura un radical halógeno y dos metales

$$\frac{M^{+x}}{Metal}+\frac{M^{+x}}{Metal}+\frac{(NM)^{-y}}{Radical\ halógeno(No\ metal)} \to \frac{\left[\left[M^{+x}\ M^{+x}\right]\right]_Y^{+2x}(NM)^{-y}_{2x}}{Sal\ halógena\ doble}$$

Nomenclatura tradicional

a. Nombre del radical halógeno.
b. Preposición "de".
c. Nombre del metal más electronegativo; si el metal tiene más de un estado de oxidación, se suprime la preposición "de" y el metal tiene la terminación OSO e ICO, de acuerdo al estado de oxidación utilizado.
d. Preposición "y"
e. Nombre del metal menos electronegativo; si el metal tiene más de un estado de oxidación, se suprime la preposición "y", el metal tiene la terminación OSO e ICO, de acuerdo al estado de oxidación utilizado.

Formación rápida

Son compuestos ternarios que se forman de la reacción entre dos metales con su estado de oxidación positivo y un radical halógeno con su estado de oxidación negativo. La suma de los estados de oxidación de los metales se divide entre el estado de oxidación del no metal, siendo éste resultado el subíndice del no metal. Cuando en la división no se obtiene un número entero, se debe modificar el subíndice de solo uno de los metales (modificar en aquel metal que permita utilizar el número más pequeño posible), en virtud de obtener un número entero y divisible para el número de estado de oxidación del no metal.

Ejemplo:

$$\underset{\text{catión Férrico}}{Fe^{+3}} + \underset{\text{catión Calcio}}{Ca^{+2}} + \underset{\text{anión Bromuro}}{Br^{-1}} \rightarrow \underset{\text{Bromuro Férrico y de Calcio}}{\left[\left[Ca^{+2}Fe^{+3}\right]\right]Br_5}$$

$$\underset{\text{catión Plúmbico}}{Pb^{+4}} + \underset{\text{catión Cúprico}}{Cu^{+2}} + \underset{\text{anión Sulfuro}}{S^{-2}} \rightarrow \underset{\text{Sulfuro Plúmbico Cúprico}}{\left[\left[Cu^{+2}Pb^{+4}\right]\right]S_3}$$

$$\underset{\text{catión Aluminio}}{Al^{+3}} + \underset{\text{catión Estannoso}}{Sn^{+2}} + \underset{\text{anión Nitruro}}{N^{-3}} \rightarrow \underset{\text{Nitruro Estannoso y de Aluminio}}{\left[\left[Al^{+3} Sn_3^{+2(6+)}\right]\right]N_3}$$

Formación por reacción química

Una sal halógena doble se produce por la reacción entre un ácido hidrácido y dos hidróxidos metálicos, en el cual la suma de **números de oxhidrilos de las bases debe ser iguales al número de hidrógenos del ácido.** La reacción química producirá la sal correspondiente y tantas moles de agua como $(H)^{+1}$ u $(OH)^{-1}$ se hayan igualado.

Los coeficientes numéricos utilizados para igualar el número de moles de las bases o del ácido, deben ser los números más bajos posibles.

$$\sum No. (OH)^{-1} (\text{de las bases}) = No. \text{ de } H^{+1} \text{ (del ácido)}$$

Ejemplo:

$$2\, Al(OH)_3 + Ca(OH)_2 + 4\, H_2S \rightarrow \underset{\text{Sulfuro de Aluminio y de Calcio}}{CaAl_2S_4} + \underset{\text{Agua}}{8\, H_2O}$$

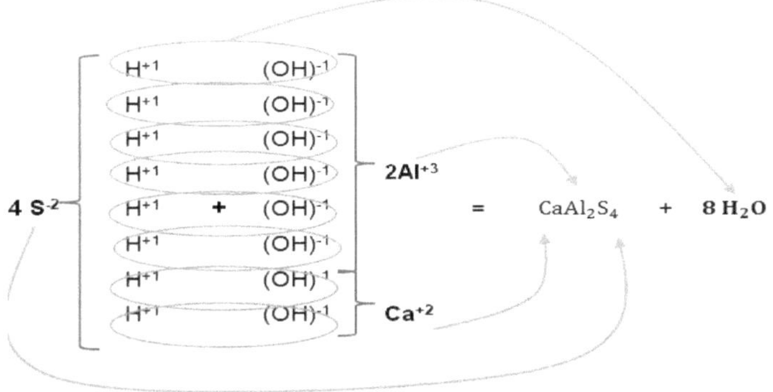

Figura 4.3. Formación del sulfuro de aluminio y calcio

$$\frac{4\ HI}{\text{Ioduro de hidrógeno}} + \frac{Mn(OH)_3}{\text{Hidróxido Mangánico}} + \frac{Li(OH)}{\text{Hidróxido de Litio}} \rightarrow \frac{LiMnI_4}{\text{Ioduro Mangánico y de Litio}} + \frac{4\ H_2O}{\text{Agua}}$$

$$\frac{2\ H_2S}{\text{Sulfuro de Hidrógeno}} + \frac{Ba(OH)_2}{\text{Hidróxido de Bario}} + \frac{Zn(OH)_2}{\text{Hidróxido de Cinc}} \rightarrow \frac{BaZnS_2}{\text{Sulfuro de Cinc y de Bario}} + \frac{4\ H_2O}{\text{Agua}}$$

Aprendizaje autónomo

1. Completar las siguientes reacciones de obtención de sales halógenas dobles

   a) Ácido Bromhídrico + Hidróxido Talioso + Hidróxido de Calcio

   b) Nitruro de Hidrógeno + Hidróxido de Sodio + Hidróxido Zirconio

Ing. Mayorga-Román. M.G.   Dr. Pérez-Betancourt Y.

NOMENCLATURA QUÍMICA DE SALES HALOGENAS MIXTAS

CN.Q.5.2.6. Examinar y clasificar la composición, formulación y nomenclatura de las sales, identificar claramente si provienen de un ácido oxácido o un hidrácido y utilizar correctamente los aniones simples o complejos, reconociendo la estabilidad de estos en la formación de distintas sales.

Las sales halógenas mixtas tienen en su estructura dos radicales halógenos y un metal

$$\underset{\text{Metal}}{M^{+x}} + \underset{\substack{\text{Radical halógeno}\\\text{(No metal)}}}{(NM)^{-y}} + \underset{\substack{\text{Radical halógeno}\\\text{(No metal)}}}{(NM)^{-y}} \rightarrow \underset{\text{Sal Halógena Mixta}}{M^{+x}[(NM)^{-y}(NM)^{-y}]^{-2y}}$$

Nomenclatura tradicional

a. Nombre de los radicales halógenos, se nombra y se escribe de derecha a izquierda al elemento más electronegativo.
b. Preposición "de".
c. Nombre del metal, si el metal tiene más de un estado de oxidación, se suprime la preposición "de" y el metal tomará la terminación OSO o ICO, de acuerdo al estado de oxidación utilizado.

Formación rápida

Son compuestos ternarios que se forman de la reacción entre dos no metales con su estado de oxidación negativo (aniones) y un metal con su estado de oxidación positivo (cationes).

La suma de los estados de oxidación de los no metales se divide entre el estado de oxidación del metal, siendo este resultado el subíndice del metal. Cuando en la división no se obtiene un número entero, de debe modificar el

subíndice de solo uno de los no metales, en virtud de obtener un número entero y divisible para el número de estado de oxidación del metal.
Ejemplo:

$$\frac{Na^{+1}}{\substack{\text{catión} \\ \text{Sodio}}} + \frac{Br^{-1}}{\substack{\text{anion} \\ \text{Bromuro}}} + \frac{Cl^{-1}}{\substack{\text{anion} \\ \text{Cloruro}}} \rightarrow \frac{Na_2(BrCl)}{\text{Cloruro Bromuro de Sodio}}$$

$$\frac{Mn^{+2}}{\substack{\text{catión} \\ \text{Manganoso}}} + \frac{S^{-2}}{\substack{\text{anion} \\ \text{Sulfuro}}} + \frac{F^{-1}}{\substack{\text{anion} \\ \text{Fluoruro}}} \rightarrow \frac{Mn_2(SF_2)}{\text{Fluoruro Sulfuro Manganoso}}$$

Formación por reacción química

Una sal halógena mixta se produce por la reacción entre dos ácidos hidrácidos y un hidróxido metálico, en el cual la suma de **números de hidrógenos de los ácidos debe ser igual al número de oxhidrilos de la base.** La reacción química producirá la sal correspondiente y tantas moles de agua como $(H)^{+1}$ u $(OH)^{-1}$ se hayan igualado. Los coeficientes numéricos utilizados para igualar el número de moles de las bases o del ácido, deben ser los números más bajos posibles.

$$\sum No. \ de \ H^{+1} \ (de \ los \ ácidos) = \ No. \ (OH)^{-1}(de \ la \ base)$$

Ejemplo:

$$\frac{Ni(OH)_3}{\substack{\text{Hidróxido} \\ \text{Niquélico}}} + \frac{HCl}{\substack{\text{Cloruro de} \\ \text{Hidrógeno}}} + \frac{H_2S}{\substack{\text{Sulfuro de} \\ \text{Hidrógeno}}} \rightarrow \frac{NiSCl}{\text{Cloruro Sulfuro Niquélico}} + \frac{3 \ H_2O}{\text{Agua}}$$

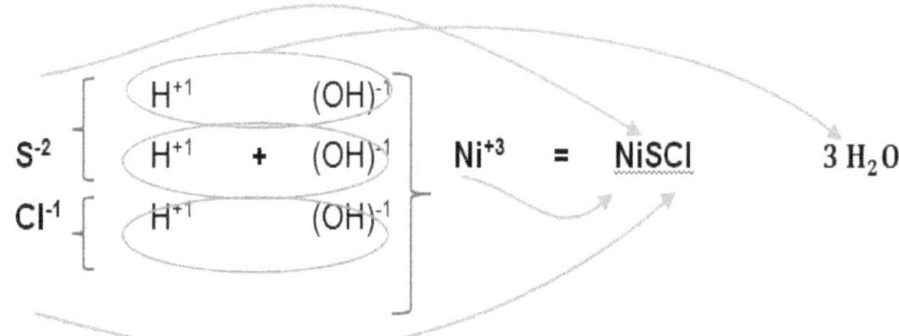

Figura 4.4. Formación del cloruro sulfuro niquélico

$$\frac{HBr}{\substack{\text{Bromuro de}\\\text{hidrógeno}}} + \frac{NH_3}{\substack{\text{Nitruro de}\\\text{Hidrógeno}}} + \frac{2\,Co(OH)_2}{\substack{\text{Hidróxido}\\\text{Cobaltoso}}} \rightarrow \frac{Co_2BrN}{\substack{\text{Nitruro Bromuro}\\\text{Cobaltoso}}} + \frac{4\,H_2O}{\text{Agua}}$$

$$\frac{H_2Se}{\substack{\text{Seleniuro de}\\\text{Hidrógeno}}} + \frac{2\,PH_3}{\substack{\text{Fosfuro de}\\\text{Hidrógeno}}} + \frac{4\,Cr(OH)_2}{\substack{\text{Hidróxido}\\\text{Cromoso}}} \rightarrow \frac{Cr_4P_2Se}{\substack{\text{Seleniuro Fosfuro}\\\text{Cromoso}}} + \frac{8\,H_2O}{\text{Agua}}$$

Aprendizaje autónomo

1. Completar las siguientes reacciones de obtención de sales halógenas mixtas

a) Cloruro de Hidrógeno + Sulfuro de Hidrógeno +Hidróxido de Sodio

b) Seleniuro de Hidrógeno + Siliciuro de Hidrógeno+ Hidróxido de Aluminio

c) Fosfuro de Hidrógeno + Fluoruro de Hidrógeno+ Hidróxido de Calcio

NOMENCLATURA QUÍMICA DE SALES OXISALES NEUTRAS

;N.Q.5.2.6. Examinar y clasificar la composición, formulación y omenclatura de las sales, identificar claramente si provienen de un cido oxácido o un hidrácido y utilizar correctamente los aniones imples o complejos, reconociendo la estabilidad de estos en la ırmación de distintas sales.

SALES OXISALES

Las sales Oxisales se clasifican en neutras, ácidas, básicas, dobles y mixtas, dependiendo del tipo de ácido y base que reaccionen o combinen. El texto tratará la formación de las sales considerando:

a. la formación rápida, en la que se utiliza   los radicales oxisales que se estudió con anterioridad, y
b. la formación por reacción química, en la que se   considera la reacción entre un ácido oxácido y un hidróxido metálico.

Nomenclatura tradicional

a. Nombre del radical oxisal.
b. Preposición "de".
c. Nombre del metal; si el metal tiene más de un estado de oxidación, se suprime la preposición "de" y el metal tiene la terminación OSO o ICO, de acuerdo al estado de oxidación utilizado.

Formación rápida

Son compuestos ternarios que se forman de la reacción entre un metal con su estado de oxidación positivo y un radical oxisal con su estado de oxidación negativo.

$$\underset{\text{Metal}}{M^{+x}} + \underset{\text{Radical oxisal}}{\left(NM^{-}O^{-2}\right)^{-y}} \rightarrow \underset{\text{Sal oxisal neutra}}{M_y\left(NM^{-}O^{-2}\right)_x}$$

101

Ejemplos

$$\frac{Ca^{+2}}{\text{ion Calcio}} + \frac{(ClO_3)^{-1}}{\text{radical Clorato}} \rightarrow \frac{Ca(ClO_3)_2}{\text{Clorato de Calcio}}$$

$$\frac{Mg^{+2}}{\text{ion magnesio}} + \frac{(ClO_4)^{-1}}{\text{radical perclorato}} \rightarrow \frac{Mg(ClO_4)_2}{\text{Perclorato de Magnesio}}$$

$$\frac{Na^{+1}}{\text{catión sodio}} + \frac{(SO_4)^{-2}}{\text{radical Sulfato}} \rightarrow \frac{Na_2(SO_4)}{\text{Sulfato de Sodio}}$$

$$\frac{Co^{+3}}{\text{catión cobaltico}} + \frac{(IO)^{-1}}{\text{radical Hipoiodito}} \rightarrow \frac{Co(IO)_3}{\text{Hipoiodito cobáltico}}$$

Formación por reacción química

Una sal oxisal neutra se produce por la reacción entre un ácido oxácido y un hidróxido metálico. Para formar sales oxisales neutras, **el número de hidrógenos del ácido debe ser igual al número de hidroxilos de la base**, lo que se logra igualando al tanteo las especies químicas mencionadas. Como producto de reacción se tiene una sal oxisal neutra más un número de moles de agua que numéricamente es igual a la cantidad de H^{+1} y OH^{-1} igualados.

El tipo de reacción química que se aborda en el presente caso, se conoce como **reacción de neutralización**.

$$\text{No. de } H^{+1} \text{ (del ácido)} = \text{No. } (OH)^{-1}\text{(de la base)}$$

Ejemplo:

$$\frac{HClO}{\substack{1 \text{ mol} \\ \text{Ácido Hipocloroso}}} + \frac{Na(OH)}{\substack{1 \text{ mol} \\ \text{Hidróxido de Sodio}}} \rightarrow \frac{Na(ClO)}{\substack{1 \text{ mol} \\ \text{Hipoclorito de Sodio}}} + \frac{H_2O}{\substack{1 \text{ mol} \\ \text{Agua}}}$$

$$\frac{H_2SO_4}{\substack{1 \text{ mol de} \\ \text{Ácido Sulfúrico}}} + \frac{2\,Cu(OH)}{\substack{2 \text{ moles de} \\ \text{Hidróxido Cuproso}}} \rightarrow \frac{Cu_2(SO_4)}{\substack{1 \text{ mol de} \\ \text{Sulfato Cuproso}}} + \frac{2\,H_2O}{\substack{2 \text{ moles de} \\ \text{Agua}}}$$

Ing. Mayorga-Román. M.G. Dr. Pérez-Betancourt Y.

$$\frac{H_2SeO_3}{\text{1 mol de}} + \frac{Hg(OH)_2}{\text{1 mol de}} \rightarrow \frac{Hg(SeO_3)}{\text{1 mol de}} + \frac{2\ H_2O}{\text{2 moles de}}$$
$$\text{Ácido Selenioso} \quad \text{Hidróxido Mercúrico} \quad \text{Selenito Mercúrico} \quad \text{Agua}$$

Aprendizaje autónomo

1. Completar las siguientes reacciones de obtención de sales oxisales neutras

   a) Ácido hipocloroso + Hidróxido de niquélico

   b) Ácido sulfúrico + Hidróxido de Aluminio

   c) Ácido Orto fosfórico + Hidróxido de Calcio

Ing. Mayorga-Román. M.G.   Dr. Pérez-Betancourt Y.

NOMENCLATURA QUÍMICA DE SALES OXISALES ÁCIDAS

CN.Q.5.2.6. Examinar y clasificar la composición, formulación y nomenclatura de las sales, identificar claramente si provienen de un ácido oxácido o un hidrácido y utilizar correctamente los aniones simples o complejos, reconociendo la estabilidad de estos en la formación de distintas sales.

Los radicales ácidos son especies químicas que resultan de la pérdida parcial de hidrógenos del ácido oxácido. Ejemplo:

$$H_2SO_4 - 1H \rightarrow \frac{(HSO_4)^{-1}}{\text{Sulfato ácido}}$$

$$H_2TeO_4 - 1H \rightarrow \frac{(HTeO_4)^{-1}}{\text{Telurato ácido}}$$

Nomenclatura tradicional

a. Nombre del radical ácido.
b. Preposición "de".
c. Nombre del metal; si el metal tiene más de un estado de oxidación, se suprime la preposición "de" y el metal tiene la terminación OSO o ICO, de acuerdo al estado de oxidación utilizado.

Formación rápida

Son compuestos cuaternarios que resultan de la reacción entre un metal con su estado de oxidación positivo y un radical ácido con su estado de oxidación negativo. El estado de oxidación del metal no debe modificar la naturaleza del compuesto, es decir, al intercambiar los estados de oxidación, el número no puede hacer que el compuesto deje de ser mono, di, tri ácido. NM= no metal.

$$\frac{M^{+x}}{\text{Metal}} + \frac{(HNMO)^{-y}}{\text{Radical ácido}} \rightarrow \frac{M_y(HNM)_x}{\text{Sal oxisal ácida}}$$

Ejemplos

$$\frac{Na^{+1}}{\text{ion Sodio}} + \frac{(HSO_4)^{-1}}{\text{Sulfato ácido}} \rightarrow \frac{Na(HSO_4)}{\text{Sulfato ácido de sodio}}$$

$$\frac{\text{Au}^{+1}}{\text{ion auroso}} + \frac{(\text{HCrO}_4)^{-1}}{\text{Cromato ácido}} \rightarrow \frac{\text{Au(HCrO}_4)}{\text{Cromato ácido auroso}}$$

Formación por reacción química

Una sal oxisal ácida se produce por la reacción entre un ácido oxácido y un hidróxido metálico, en el cual el **número de hidrógenos del ácido debe ser mayor al número de oxhidrilos de la base, en un número que el nombre del compuesto lo indique.** La reacción química producirá la sal correspondiente y tantas moles de agua como $(\text{OH})^{-1}$ de la base haya.

$$\text{No. De H}^{+1} \text{ (del ácido)} > \text{No. (OH)}^{-1}\text{(de la base)}$$

Ejemplos:

$$\frac{\text{H}_2\text{SO}_4}{\text{Ácido Sulfúrico}} + \frac{\text{Cu(OH)}}{\text{Hidróxido cuproso}} \rightarrow \frac{\text{Cu(HSO}_4)}{\text{Sulfato ácido cuproso}} + \frac{\text{H}_2\text{O}}{\text{Agua}}$$

Las sales oxisales MONO ácidas, se las puede nombrar suprimiendo la palabra ÁCIDO y anteponiendo al nombre el prefijo BI. Ejemplo.

$$\frac{\text{H}_2\text{TeO}_4}{\text{Ácido Telúrico}} + \frac{\text{Li(OH)}}{\text{Hidróxido de litio}} \rightarrow \frac{\text{Li(HteO}_4)}{\text{Telurato ácido cuproso}} + \frac{\text{H}_2\text{O}}{\text{Agua}}$$
$$\text{o}$$
$$\text{Bitelurato de litio}$$

$$\frac{\text{H}_2\text{CO}_3}{\text{Ácido Carbónico}} + \frac{\text{Na(OH)}}{\text{Hidróxido de sodio}} \rightarrow \frac{\text{Na(HCO}_3)}{\text{Carbonato ácido sodio}} + \frac{\text{H}_2\text{O}}{\text{Agua}}$$
$$\text{o}$$
$$\text{Bicarbonato de sodio}$$

La principal función del bicarbonato de sodio es como neutralizadora de ácidos. En el cuerpo humano, neutraliza la acidez de ácido clorhídrico del estómago, actuando como antiácido.

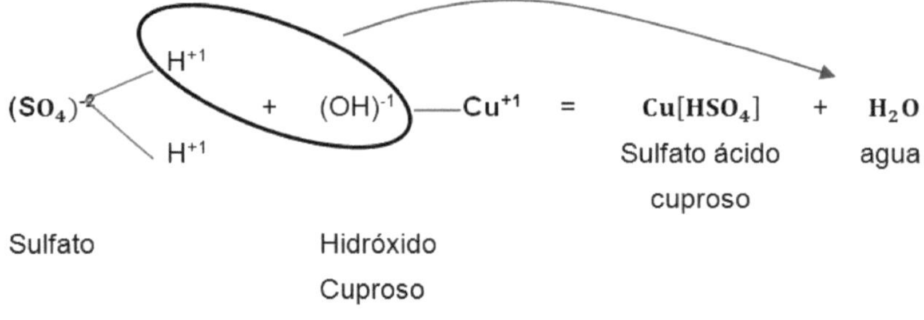

Figura 4.5 Formación del Sulfato ácido cuproso

$$\frac{H_2SO_4}{\text{Ácido Sulfúrico}} + \frac{Cu(OH)}{\text{Hidróxido 106uproso}} \rightarrow \frac{Cu(HSO_4)}{\text{Sulfato ácido cuproso}} + \frac{H_2O}{\text{Agua}}$$

¿Cómo recordar el nombre de una sal si se dispone de su fórmula química?

Es fundamental que los estudiantes conozcan los estados de oxidación de los principales elementos químicos mostrados en la tabla de estados de oxidación que constan en páginas anteriores.

Pasos para adjudicar el nombre del compuesto, conociendo su fórmula química

a. Adjudicar los estados de oxidación de los elementos constituyentes, recordando que:
   - El Oxígeno tiene siempre un estado de oxidación -2 excepto que sea un peróxido, éste no es el caso.
   - Metal tiene estado de oxidación positivo.
   - No metal tiene estado de oxidación positivo, éste determina el nombre del compuesto, con la terminación ATO o ITO

S^{-2}	$(SO_2)^{-2}$	$(SO_3)^{-2}$	$(SO_4)^{-2}$
Sulfuro	Hiposulfito	Sulfito	Sulfato

$Na^{+1}\left(S^{+6}O_4^{-2^{(8-)}}\right)^{-2} \rightarrow Na_2(SO_4)$ Se nombrará de derecha a izquierda$\rightarrow$Sulfato de sodio

b. En este punto es oportuno recordad que el estado de oxidación del radical oxácido resulta de la suma algebraica de los estados de oxidación de los elementos que se encuentran al interior de paréntesis. Ejemplo: $\left(S^{+6}O_4^{-2(8-)} \right)^{-2}$

Aprendizaje autónomo

1. Completar las siguientes reacciones de obtención de sales oxisales mono ácidas

a) Ácido crómico + Hidróxido de Sodio

b) Ácido orto carbónico + Hidróxido Férrico

c) Ácido bórico + Hidróxido de magnesio

d) Ácido hipo selenioso + Hidróxido Talioso

e) Ácido piro fosfórico + Hidróxido de potasio

Ing. Mayorga-Román. M.G.   Dr. Pérez-Betancourt Y.

NOMENCLATURA QUÍMICA DE SALES OXISALES BÁSICAS

CN.Q.5.2.6. Examinar y clasificar la composición, formulación y nomenclatura de las sales, identificar claramente si provienen de un ácido oxácido o un hidrácido y utilizar correctamente los aniones simples o complejos, reconociendo la estabilidad de estos en la formación de distintas sales.

Los radicales básicos son especies químicas que resultan de la sustitución parcial de $(OH)^{-1}$ de la base por hidrógenos del ácido.

$$\underbrace{\left[M^+(OH)^{-1}\right]^{+x}}_{\text{Radical básico}} + \underbrace{(NM.O)^{-y}}_{\text{Radical}} \rightarrow \underbrace{\left[\left[M^+(OH)^{-1}\right]\right]_y (NM.O)_x}_{\text{Sal oxisal básica}}$$

Nomenclatura tradicional

a. Nombre del radical
b. Palabra básico, dibásico, tribásico
c. Nombre del metal; si el metal tiene más de un estado de oxidación, se suprime la preposición "de" y el metal tiene la terminación OSO o ICO, de acuerdo al estado de oxidación utilizado.

Formación rápida

Son compuestos que se forman de la reacción entre un Metal con su estado de oxidación positivo y un radical básico con su estado de oxidación negativo. Los estados de oxidación del metal y del radical se intercambian y se simplifican si fuera el caso. Ejemplo:

$$\underset{\text{Clorato básico ferroso}}{Fe[(OH)ClO_3]}$$

Formación por reacción química

Una sal oxisal básica se produce por la reacción entre un ácido oxácido y un hidróxido metálico, en el cual el **número de oxhidrilos de la base ser mayor al número de hidrógenos del ácido, en un número que el nombre**

del compuesto lo indique. La reacción química producirá la sal correspondiente y tantas moles de agua como $(H)^{+1}$ del ácido haya.

$$\text{No. } (OH)^{-1}(\text{de la base}) > \text{No. de } H^{+1} \text{ (del ácido)}$$

Ejemplos:

$$\underbrace{H_2SO_4}_{\text{Ácido sulfúrico}} + \underbrace{Al(OH)_3}_{\text{Hidróxido de aluminio}} \rightarrow \underbrace{Al[(OH)SO_4]}_{\text{Sulfato básico de aluminio}} + \underbrace{2\,H_2O}_{\text{Agua}}$$

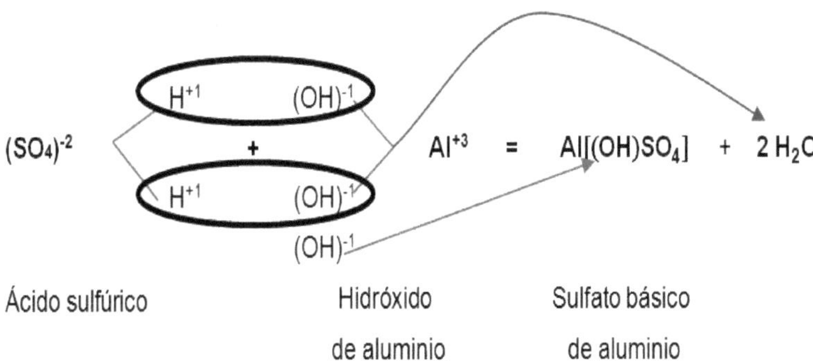

Figura 4.6. Formación del sulfato básico de aluminio

Las sales oxisales MONO básicas, se las puede nombrar suprimiendo la palabra BÁSICO y anteponiendo al nombre el prefijo SUB. Ejemplo.

$$\underbrace{H_2SeO_4}_{\text{Ácido selénico}} + \underbrace{Fe(OH)_3}_{\text{Hidróxido férrico}} \rightarrow \underbrace{Fe[(OH)SeO_4]}_{\text{Selenato básico de aluminio}} + \underbrace{2\,H_2O}_{\text{Agua}}$$

o
Subselenato de aluminio

$$\underbrace{HIO_2}_{\text{Ácido Iodoso}} + \underbrace{Mn(OH)_3}_{\text{Hidróxido Mangánico}} \rightarrow \underbrace{Mn[(OH)_2(IO_2)]}_{\text{Iodito dibásico mangánico}} + \underbrace{H_2O}_{\text{Agua}}$$

109

Aprendizaje autónomo

1. Completar las siguientes reacciones de obtención de sales oxisales básicas

   a) Ácido sulfúrico + Hidróxido férrico

   b) Ácido per mangánico + Hidróxido plúmbico

   c) Ácido meta arsenioso + Hidróxido crómico

   d) Ácido periódico + Hidróxido Cobaltico

Ing. Mayorga-Román. M.G.   Dr. Pérez-Betancourt Y.

NOMENCLATURA QUÍMICA DE SALES OXISALES DOBLES

CN.Q.5.2.6. Examinar y clasificar la composición, formulación y nomenclatura de las sales, identificar claramente si provienen de un ácido oxácido o un hidrácido y utilizar correctamente los aniones simples o complejos, reconociendo la estabilidad de estos en la formación de distintas sales.

Las sales oxisales dobles tienen en su estructura un radical oxisal y dos metales

$$\frac{M^{+x}}{\text{Metal}} + \frac{M^{+x}}{\text{Metal}} + \frac{(NM.O)^{-y}}{\text{Radical oxisal}} \rightarrow \frac{\left[\left[M^{+x}\,M^{+x}\right]\right]_y^{+2X} (NM)^{-y}_{2x}}{\text{Sal oxisal doble}}$$

Nomenclatura tradicional

a. Nombre del radical oxisal.
b. Preposición "de".
c. Nombre del metal más electronegativo; si el metal tiene más de un estado de oxidación, se suprime la preposición "de" y toma la terminación OSO o ICO, de acuerdo al estado de oxidación utilizado.
d. Preposición "y".
e. Nombre del metal menos electronegativo; si el metal tiene más de un estado de oxidación, se suprime la preposición "y", el metal toma la terminación OSO o ICO, de acuerdo al estado de oxidación utilizado.

Formación rápida

Son compuestos que se forman de la reacción entre dos metales con su estado de oxidación positivo y un Radical oxisal con su estado de oxidación negativo.

La suma de los estados de oxidación de los metales se divide entre el estado de oxidación del radical, siendo éste resultado el subíndice del radical. Cuando en la división no se obtiene un número entero, se debe modificar el subíndice de solo uno de los metales, en virtud de obtener un número entero y divisible para el número de estado de oxidación del radical.

Ejemplo:

$$\underset{\substack{\text{catión}\\\text{Férrico}}}{Fe^{+3}} + \underset{\substack{\text{catión}\\\text{Calcio}}}{Ca^{+2}} + \underset{\text{Bromato}}{(BrO_3)^{-1}} \rightarrow \underset{\substack{\text{Bromato}\\\text{Férrico y de Calcio}}}{\left[\left[Ca^{+2}Fe^{+3}\right]\right](BrO_3)_5^{-1}}$$

$$\underset{\substack{\text{catión}\\\text{Plúmbico}}}{Pb^{+4}} + \underset{\substack{\text{catión}\\\text{Cúprico}}}{Cu^{+2}} + \underset{\text{Sulfato}}{(SO_4)^{-2}} \rightarrow \underset{\substack{\text{Sulfato}\\\text{Plúmbico Cúprico}}}{[CuPb](SO_4)_3}$$

$$\underset{\substack{\text{catión}\\\text{Aluminio}}}{Al^{+3}} + \underset{\substack{\text{catión}\\\text{Estannoso}}}{Sn^{+2}} + \underset{\text{Nitrato}}{(NO_3)^{-1}} \rightarrow \underset{\substack{\text{Nitrato}\\\text{Estannoso y de Aluminio}}}{AlSn(NO_3)_5}$$

Formación por reacción química

Una sal oxisal doble se produce por la reacción entre un ácido oxácido y dos hidróxidos metálicos, en el cual la suma de **números de oxhidrilos de las bases debe ser iguales al número de hidrógenos del ácido.** La reacción química producirá la sal correspondiente y tantas moles de agua como $(H)^{+1}$ u $(OH)^{-1}$ se hayan igualado.

Los coeficientes numéricos utilizados para igualar el número de moles de las bases o del ácido, deben ser los números más bajos posibles.

$$\sum No.\ (OH)^{-1}(\text{de las bases}) = No.\ \text{de } H^{+1}\ (\text{del ácido})$$

Ejemplo:

$$\underset{\substack{\text{Hidróxido de}\\\text{Aluminio}}}{2\,Al(OH)_3} + \underset{\substack{\text{Hidróxido de}\\\text{Calcio}}}{Ca(OH)_2} + \underset{\text{Ácido sulfúrico}}{4H_2SO_4} \rightarrow \underset{\substack{\text{Sulfato de}\\\text{Aluminio y de Calcio}}}{CaAl_2(SO_4)_4} + \underset{\text{Agua}}{8\,H_2O}$$

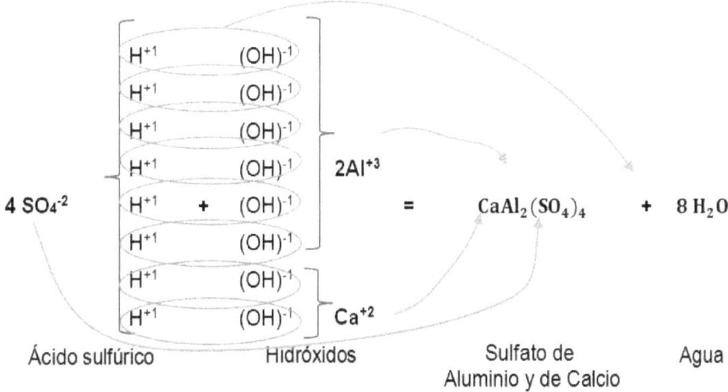

Figura 4.7. Formación del sulfato de aluminio y calcio

$$\underset{\substack{\text{Ácido}\\\text{Hipoiodoso}}}{4\ HIO} + \underset{\substack{\text{Hidróxido}\\\text{Mangánico}}}{Mn(OH)_3} + \underset{\substack{\text{Hidróxido de}\\\text{Litio}}}{Li(OH)} \rightarrow \underset{\substack{\text{Hipoiodito Mangánico}\\\text{y de Litio}}}{LiMn(IO)_4} + \underset{\text{Agua}}{4\ H_2O}$$

$$\underset{\substack{\text{Ácido}\\\text{Sulfúrico}}}{2\ H_2SO_4} + \underset{\substack{\text{Hidróxido}\\\text{de Bario}}}{Ba(OH)_2} + \underset{\substack{\text{Hidróxido de}\\\text{Cinc}}}{Zn(OH)_2} \rightarrow \underset{\substack{\text{Sulfato de Cinc y}\\\text{de Bario}}}{BaZn(SO_4)_2} + \underset{\text{Agua}}{4\ H_2O}$$

Aprendizaje autónomo

1. Completar las siguientes reacciones de obtención de sales oxisales dobles

a) Ácido sulfúrico + Hidróxido de calcio+ Hidróxido férrico

Ing. Mayorga-Román. M.G.   Dr. Pérez-Betancourt Y.

NOMENCLATURA QUÍMICA DE SALES OXISALES MIXTAS

CN.Q.5.2.6. Examinar y clasificar la composición, formulación y nomenclatura de las sales, identificar claramente si provienen de un ácido oxácido o un hidrácido y utilizar correctamente los aniones simples o complejos, reconociendo la estabilidad de estos en la formación de distintas sales.

Las sales oxisales mixtas tienen en su estructura dos radicales oxisales y un metal

$$\underbrace{M^{+x}}_{\text{Metal}} + \underbrace{(NM.O)^{-y}}_{\text{Radical oxisal}} + \underbrace{(NM.O)^{-y}}_{\text{Radical oxisal}} \rightarrow \underbrace{M^{+x}[(NM)^{-y}(NM)^{-y}]^{-2y}}_{\text{Sal oxisal Mixta}}$$

Nomenclatura tradicional

a. Nombre de los radicales oxisales, se nombra y se escribe de derecha a izquierda al radical que contenga el elemento más electronegativo.
b. Preposición "de".
c. Nombre del metal, si el metal tiene más de un estado de oxidación, se suprime la preposición "de" y toma la terminación OSO o ICO, de acuerdo al estado de oxidación utilizado.

Formación rápida

Son compuestos que se forman de la reacción entre dos radicales oxácidos con su estado de oxidación negativo (aniones) y un metal con su estado de oxidación positivo (cationes).

La suma de los estados de oxidación de los radicales se divide entre el estado de oxidación del metal, siendo este resultado el subíndice del metal. Cuando en la división no se obtiene un número entero, se debe modificar el subíndice de solo uno de los radicales, en virtud de obtener un número entero y divisible para el número de estado de oxidación del metal. Ejemplo:

$$\frac{Na^{+1}}{\substack{\text{catión}\\\text{Sodio}}} + \frac{(BrO)^{-1}}{\text{Hipobromito}} + \frac{(ClO_4)^{-1}}{\text{Perclorato}} \rightarrow \frac{Na_2[(BrO)(ClO_4)]}{\text{Clorato Bromato de Sodio}}$$

$$\frac{Mn^{+2}}{\substack{\text{catión}\\\text{Manganoso}}} + \frac{(SO_4)^{-2}}{\text{Sulfato}} + \frac{2\,(IO)^{-1}}{\text{Hipoiodito}} \rightarrow \frac{Mn_2[(SO_4)(IO)_2]}{\text{Hipoiodito sulfato manganoso}}$$

Formación por reacción química

Una sal oxisal mixta se produce por la reacción entre dos ácidos oxácidos y un hidróxido metálico, en el cual la suma de **números de hidrógenos de los ácidos debe ser igual al número de oxhidrilos de la base.** La reacción química producirá la sal correspondiente y tantas moles de agua como $(H)^{+1}$ u $(OH)^{-1}$ se hayan igualado.

Los coeficientes numéricos utilizados para igualar el número de moles de las bases o del ácido, deben ser los números más bajos posibles.

$$\sum \text{No. de } H^{+1} \text{ (de los ácidos)} = \text{No. } (OH)^{-1} \text{(de la base)}$$

Ejemplo:

$$\frac{Ni(OH)_3}{\substack{\text{Hidróxido}\\\text{Niquélico}}} + \frac{HClO}{\substack{\text{Ácido}\\\text{hipocloroso}}} + \frac{H_2SO_4}{\substack{\text{Ácido}\\\text{sulfúrico}}} \rightarrow \frac{Ni[(SO_4)(ClO)]}{\substack{\text{Hipoclorito sulfato}\\\text{niquélico}}} + \frac{3\,H_2O}{\text{Agua}}$$

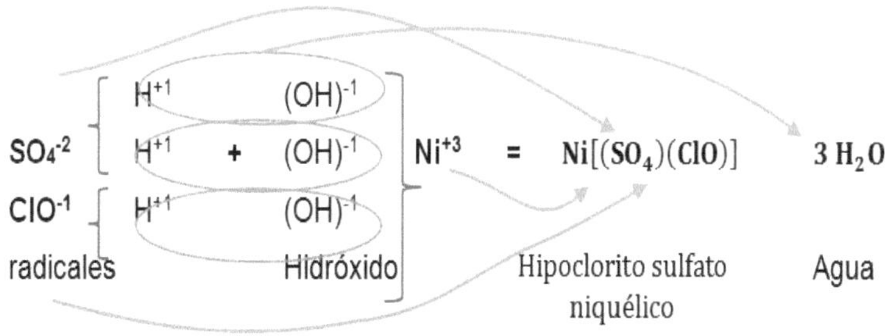

Figura.4.8 Formación del Hipoclorito sulfato niquélico

$$\frac{HBrO}{\text{Ácido Hipobromoso}} + \frac{HNO_3}{\text{Ácido Nítrico}} + \frac{Co(OH)_2}{\text{Hidróxido Cobaltoso}} \rightarrow \frac{Co[(BrO)(NO_3)]}{\text{Nitrato hipobromito cobaltoso}} + \frac{2\ H_2O}{\text{Agua}}$$

$$\frac{H_2SeO_4}{\text{Ácido Selénico}} + \frac{2\ H_3PO_4}{\text{Ácido Fosfórico}} + \frac{4\ Cr(OH)_2}{\text{Hidróxido Cromoso}} \rightarrow \frac{Cr_4[(PO_4)_2(SeO_4)]}{\text{Selenato fosfato Cromoso}} + \frac{8\ H_2O}{\text{Agua}}$$

SALOIDES

Son compuestos que resultan de la combinación de dos No Metales, se escriben y nombran de derecha a izquierda.

Nomenclatura

a. A la derecha el no metal más electronegativo con la terminación URO
b. A la izquierda el no metal menos electronegativo, su nombre depende del estado de oxidación que se utilice

BCl_3	As_2S_3	As_2S_5	BrI
Cloruro	Sulfuro	Sulfuro	Ioduro
Bórico	Arsenioso	Arsénico	Hipobromoso

Ing. Mayorga-Román. M.G. Dr. Pérez-Betancourt Y.

DISOLUCIONES QUÍMICAS

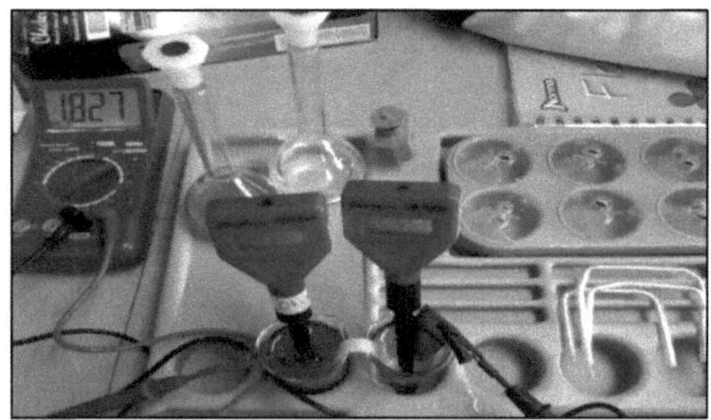

Objetivos generales del área de Ciencias Naturales

OG.CN.5. Resolver problemas de la ciencia mediante el método científico, a partir de la identificación de problemas, la búsqueda crítica de información, la elaboración de conjeturas, el diseño de actividades experimentales, el análisis y la comunicación de resultados confiables y éticos

Objetivos específicos de la Química para el nivel de Bachillerato.

O.CN.Q.5.9. Reconocer diversos tipos de sistemas dispersos según el estado de agregación de sus componentes, y el tamaño de las partículas de su fase dispersa, sus propiedades y aplicaciones tecnológicas y preparar diversos tipos de disoluciones de concentraciones conocidas en un entorno de trabajo colaborativo utilizando todos los recursos físicos e intelectuales.

Objetivos de la Unidad

1. Analizar los componentes de una mezcla desde el análisis numérico para aplicarlo en problemas de la vida diaria.
2. Analizar los conceptos de pH y pOH de diferentes sustancias mediante la resolución de ejercicios que permitan aplicar el concepto en procesos de la vida diaria

ESTADO LÍQUIDO

CN.Q.5.3.1. Examinar y clasificar las características de los distintos tipos de sistemas dispersos según el estado de agregación de sus componentes y el tamaño de las partículas de la fase dispersa.

La materia en su estado líquido se caracteriza por:

- Tiene volumen definido, por lo que se comprime muy poco
- Posee fluidez
- Se difunde con otros líquidos
- Adoptan la forma del recipiente que los contiene
- Casi todos los líquidos tienen una distribución ordenada de sus partículas
- De forma principal la temperatura y presión determinan su estado físico
- Las fuerzas que mantienen a un líquido reciben el nombre de fuerzas de cohesión
- Las fuerzas de atracción entre un líquido y una superficie se conocen como fuerzas de adhesión.

Propiedades del estado líquido

Viscosidad

Es la resistencia de un líquido a fluir.

- La viscosidad de los líquidos se la puede medir en viscosímetros.
- La fluidez de un líquido se produce por el deslizamiento de las moléculas entre sí.
- La viscosidad de un líquido depende de las fuerzas intermoleculares en su interior, a mayor fuerza, mayor viscosidad.
- A mayor tamaño y área superficial de las moléculas, mayor viscosidad.
- A mayor temperatura de un líquido, menor su viscosidad, debido al incremento del movimiento de las moléculas.

Tensión superficial

Es una medida de la fuerza hacia adentro que debe vencerse para extender el área superficial de un líquido. Se debe a:

- Las moléculas que se encuentran por debajo de la superficie de un líquido, son sujeto de atracciones moleculares en todos sentidos.

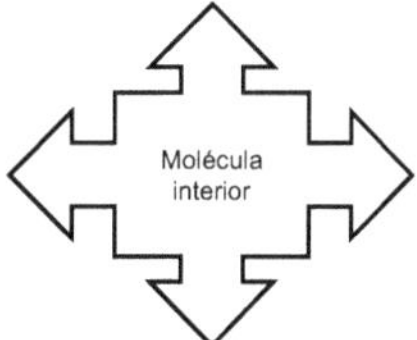

- Las moléculas de la superficie solo son sujetas de atracciones hacia el interior y hacia los lados

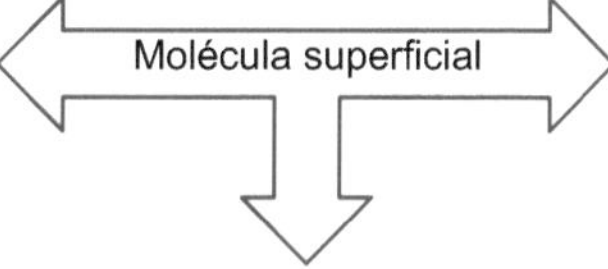

- La atracción hacia adentro permite que el área superficial sea mínima (esfera)

Capilaridad

Figura5.1. Capilaridad del agua

La propiedad se puede observar cuando se sumerge un tubo capilar en un líquido, y las fuerzas de adhesión supera a la fuerza de cohesión, el líquido asciende por el tubo hasta alcanzar un equilibrio entre la fuerza de adhesión y el peso del líquido.

119

Evaporación

Proceso en la que las moléculas de la superficie de un líquido pasan del estado líquido al estado gaseoso, debido a la energía cinética que se incrementa en ellas, por acción de la temperatura.

Presión de vapor

Considerando un recipiente cerrado conteniendo un líquido a una determinada temperatura, la presión de vapor de un líquido es la presión que ejerce el gas proveniente del líquido (evaporado) a esa temperatura.

Punto de ebullición

Se conoce como la temperatura a la cual la presión de vapor de un líquido es igual a la presión atmosférica. Ejemplo: el agua tiene un punto de ebullición de 100 °C a 1 atmosfera de presión, es decir a 100 °C la presión del vapor del agua igualó a la presión atmosférica de 1 atm, para lograr la igualación de las presiones el agua absorbe energía calorífica.

Si se sigue añadiendo energía calorífica a un líquido en su punto de ebullición, la temperatura se mantiene constante, debido a que la energía se consume para vencer las fuerzas de cohesión que mantienen unido al líquido y de esta forma evaporarse. A menor presión atmosférica, menor temperatura de ebullición; razón por la cual el agua no hierve a la misma temperatura en la región sierra y costa Ecuatoriana, la presión atmosférica es diferente en ambas.

Transferencia de calor en líquidos

Los líquidos y de forma específica el agua tiene la capacidad de absorber y proporcionar una determina cantidad de calor, es decir, para que se incremente su temperatura es necesario suministrar calor. Si se considera 1 gramo de agua, de forma experimental, se conoce que es necesario proporcionar 4.18 Julios a éste 1 gramo de agua para elevar en 1 °C su temperatura. El valor descrito se conoce como **calor específico** o **capacidad calorífica molar**.

Ing. Mayorga-Román. M.G.   Dr. Pérez-Betancourt Y.

$$\text{Agua} \rightarrow \frac{4.18 \text{ J}}{\text{g} * {}^{\circ}\text{C}}$$

Ejemplo: Calcular la cantidad de calor que es necesario suministrar a 250 g de agua para elevar su temperatura de 25 °C a 55 °C.

- Dato problema: 250 g de agua, diferencia de temperatura 30 °C
- Pregunta: Joules (J)
- Factor de conversión: $\dfrac{4.18 \text{ J}}{\text{g} * {}^{\circ}\text{C}}$

$$250 \text{ g Agua} * \frac{4.18 \text{ J}}{\text{g agua} * {}^{\circ}\text{C}} * (55{}^{\circ}\text{C}\text{-}25{}^{\circ}\text{C})=31350 \text{ J}$$

Si se suministra calor a presión constante, en un momento dado, se alcanzará el punto de ebullición descrito con anterioridad, en el punto de ebullición la temperatura permanece constante hasta que se proporcione tanto calor como el que sea necesario para evaporar todo el líquido. Considerando un mol de líquido, la cantidad de calor proporcionado en el punto de ebullición se conoce como **calor molar de vaporización**.

Ejemplo: Calcular la cantidad de calor en KJ necesarios para elevar la temperatura de 100 g de agua de 15°C a 110°C

Razonamiento

La cantidad de calor necesaria para elevar la temperatura será la suma de la cantidad de calor necesario para llegar a 100 °C más la cantidad de calor necesario en el punto de ebullición para evaporar todo el líquido más la cantidad de calor necesario para elevar la temperatura de 100°C a 110°C (estado gaseoso). Será necesario considerar el calor específico del agua en estado líquido y gaseoso

- Dato problema: 100 g agua
- Pregunta: KJ
- Factor de conversión (agua líquida): $\dfrac{4.18 \text{ J}}{\text{g agua} * {}^{\circ}\text{C}}$
- Factor de conversión (agua gaseosa): $\dfrac{2.03 \text{ J}}{\text{g agua} * {}^{\circ}\text{C}}$
- calor molar de vaporización agua a 100°C $= \dfrac{2.26 * 10^{3} \text{ J}}{\text{g agua}}$

Resolución:

$$100 \text{ g Agua} * \frac{4.18 \text{ J}}{\text{g agua} * {}^\circ\text{C}} * (100{}^\circ\text{C}-15{}^\circ\text{C})=35530 \text{ J}$$

$$100 \text{ g Agua} * \frac{2.26 * 10^3 \text{ J}}{\text{g agua}} = 226000 \text{ J}$$

$$100 \text{ g Agua} * \frac{2.03 \text{ J}}{\text{g agua} * {}^\circ\text{C}} * (110{}^\circ\text{C}-100{}^\circ\text{C})= 2030 \text{ J}$$

Calor total necesario=(35530 J)+(226000 J)+(2030 J)=263,56 KJ

Aprendizaje autónomo

1. Realizar los siguientes cálculos
   a. Calcular la cantidad de calor en J necesarios para elevar la temperatura de 50 g de agua de -20°C a 90°C.

   b. Calcular la cantidad de calor en KJ necesarios para elevar la temperatura de 100 ml de agua de 12°C a 375°K.

   c. Calcular la cantidad de calor en KJ necesarios para elevar la temperatura de 122 g de agua de 50°C a 125°C

CONCENTRACIONES FÍSICAS DE SOLUCIONES

CN.Q.5.3.2. Comparar y analizar disoluciones de diferente concentración mediante la elaboración de soluciones de uso común.

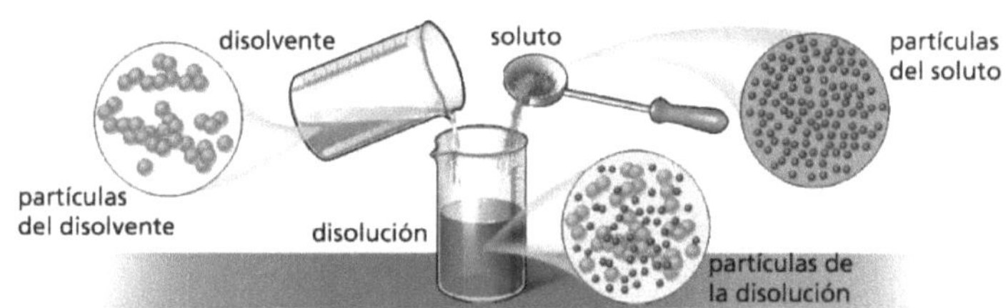

Figura 5.2. Disolución química, tomado de: https://lc.cx/XMZR1i

Las soluciones químicas llamadas también disoluciones, son mezclas homogéneas formados por dos componentes: soluto y solvente . El soluto generalmente es el componente en menor cantidad en la mezcla. La masa total de la solución es la suma del soluto más la masa de solvente.

Las soluciones químicas pueden tener cualquier estado físico, las más comunes son las líquidas, en donde el soluto es un sólido agregado al solvente líquido, cuando el agua es el solvente (solvente universal) las disoluciones son llamadas acuosas. Existen soluciones gaseosas (aire), gases en líquidos, como el oxígeno en agua. Las aleaciones son un ejemplo de soluciones de sólidos en sólidos.

La capacidad que tiene un soluto de disolverse en un solvente depende de la temperatura y de las propiedades químicas de los componentes de la solución, los solventes polares como el agua pueden disolver a solutos iónicos como los ácidos, bases y sales inorgánicas. Los aceites no pueden disolverse en agua, pero si pueden ser disueltos por compuestos orgánicos no polares.

La concentración de las soluciones (cantidad de soluto relacionado con la cantidad de solución o solvente) se expresa en diferentes unidades físicas

123

y químicas y siempre hace referencia al soluto. Ejemplo. Cuando se trata de una solución al 70% en masa de Ácido Sulfúrico, se debe entender que de un total de 100 partes de solución, las 70 partes son de Ácido Sulfúrico puro.

Las concentraciones físicas se clasifican en:

a. Porcentaje en masa

Expresa la masa de soluto por cien unidades de masa de disolución. La unidad de masa es el gramo. En este tipo de ejercicios se puede incluir la densidad de las soluciones. Su expresión algebraica es:

$$\% \text{ en masa} = \frac{\text{gramos de soluto}}{\text{gramos de solución}} * 100$$

Ejercicios resueltos de porcentajes en masa

1. Calcular el porcentaje en peso de una solución preparada mezclando 50 g de Hidróxido de Sodio con 250 ml de agua.

   De no indicarse lo contrario la densidad del agua es 1g/ml, por lo tanto 250 ml = 250 g.

$$\% \text{ en masa} = \frac{50 \text{ g NaOH}}{50 \text{ g NaOH} + 250 \text{ g H}_2\text{O}} * 100 = 16.7$$

2. La densidad de una solución de Sulfato de Calcio ($CaSO_4$) al 15% en masa es de 1.10 g/ml. Calcular la masa de $CaSO_4$ que se necesita para preparar 850 ml de esta solución.

   Se resuelve el ejercicio aplicando el procedimiento del análisis dimensional estudiado en capítulos anteriores

$$850 \text{ ml Sln} * \frac{1.10 \text{ g Sln}}{1 \text{ ml Sln}} * \frac{15 \text{ g de CaSO}_4}{100 \text{ g Sln}} = 140.25 \text{ g CaSO}_4$$

3. ¿Qué volumen de una solución al 22.5% en masa de Cloruro de Sodio (NaCl) y de densidad 1.2 g/ml, contendrá 2.3 g de NaCl puro?

$$2.3 \text{ g NaCl puro} * \frac{100 \text{ g Sln}}{22.5 \text{ g NaCl}} * \frac{1 \text{ ml Sln}}{1.2 \text{ g Sln}} = 8.52 \text{ ml Solución}$$

4. A través de 320 g de solución de Ácido Clorhídrico al 15% en masa se hizo pasar Amoniaco, hasta neutralizar la solución. ¿Qué porcentaje en masa tendrá la solución formada por la sal obtenida?

La ecuación química igualada que caracteriza la reacción es:

$$NH_3 + HCl = NH_4Cl$$

<u>Razonamiento</u>

El ejercicio hace notar que la cantidad de NH_4Cl puro obtenido (para constituirse en el soluto de la nueva solución) dependerá de su relación molar con el HCl puro (1:1), el cual proviene de 320 g de solución HCl al 15% en masa. El estudiante debe recordar que la solución final formada será la suma de los 200 g de solución inicial más la cantidad de amoniaco necesaria para neutralizar al HCl puro según la relación molar (1:1) de la ecuación química

Cantidad de HCl puro que interviene en la reacción

$$320 \text{ g Sln} * \frac{15 \text{ g de HCl puro}}{100 \text{ g sln}} = 48 \text{ g HCl puro (reactivo que limita la reacción)}$$

Utilizando la ecuación igualada y el reactivo que limita la reacción, se calcula la cantidad de NH_4Cl producido y NH_3 que ha reaccionado

$$48 \text{ g HCl puro} * \frac{53.45 \text{ g NH}_4\text{Cl (1 mol)}}{36.45 \text{ g HCl puro (1 mol)}} = 70.39 \text{ g NH}_4\text{Cl}$$

$$48 \text{ g HCl puro} * \frac{17 \text{ g NH}_3 \text{ (1 mol)}}{36.45 \text{ g HCl puro (1 mol)}} = 22.39 \text{ g NH}_3$$

Los 70.39 g de NH4Cl se constituye en el soluto de la nueva solución, cuyo peso está formado por 320 g de solución inicial más los 22.39 g de NH3 que reaccionaron durante la neutralización

$$\frac{100\ \%}{(320\ \text{gsln inicial}+22.39\ \text{gNH}_3\ \text{neutra})\text{g sln final}}*70.39\ \text{g NH}_4\text{Cl}=20.56\ \%$$

b. Porcentaje en volumen

Expresa la cantidad de soluto en unidad de volumen contenida en 100 volúmenes de solución, su expresión algebraica es:

$$\%\ \textbf{en volumen}= \frac{\textbf{volumen de soluto}}{\textbf{volumen de solución}}*\textbf{100}$$

Ejercicios resueltos de porcentajes en volumen

1. Calcular el porcentaje en volumen de una solución que se ha formado mezclando 10 ml de H_2SO_4 y 90 ml de agua.

$$\%\ \text{en volumen}= \frac{10\ \text{ml } H_2SO_4}{10\ \text{ml } H_2SO_4+90\ \text{ml } H_2O}*100=10\%\ \text{v/v}$$

2. Cuáles son los volúmenes del soluto y solvente de una solución de 2050 ml al 15 % v/v.

a) $\dfrac{2050\ \text{ml Sln}}{100\%}*15\%=307,5\ \text{ml slto}$

b) ml de solvente=(2050 ml Sln-307.5 ml Slto=1074.5 ml

c. Porcentaje en peso/volumen

Expresa la cantidad de soluto en masa disuelto en un determinado volumen de solución, se puede tomar valores referenciales como 1ml, 100 ml, 1000 ml. Su expresión algebraica es:

$$\%\ \textbf{en peso/volumen}= \frac{\textbf{peso de soluto}}{\textbf{volumen de solución}}*\textbf{100}$$

Ejercicios resueltos de porcentajes en peso/volumen

1. Cuantos gramos de soluto tendrán 1200 ml de solución cuya concentración es de 6% m/v.

$$6\% \text{ en m/v} = \frac{\text{peso de soluto}}{1200 \text{ ml Sln}} * 100$$

De la fórmula despejamos el peso del soluto

Peso del soluto = 72 g

2. Que volumen tendrá una masa de 28 g de una solución cuya densidad es 1.76 g/ml.

$$28 \text{ g Sln} * \frac{1 \text{ ml Sln}}{1.76 \text{ g Sln}} = 15.9 \text{ ml sln}$$

Aprendizaje autónomo

Resolver los siguientes ejercicios

1. Calcular el porcentaje en peso de una solución formada mezclando 125 g de Permanganato de Potasio ($KMnO_4$) con 2.2 litros de agua. R= 0.05%

2. Calcular la masa de Sulfato Niqueloso (NiSO4) puro, necesario para preparar 520 ml de solución al 6% en peso y de densidad 1.12 g/ml. R= 34.94 g.

3. Se dispone de una solución de Ácido Sulfúrico (H_2SO_4) al 37% en peso, cuya densidad es 1.21 g/ml. Calcular el volumen en litros de la solución anterior que son necesarios tratar para obtener 2.5 g H_2SO_4 puro. R= 5.58×10^{-3} L

Ing. Mayorga-Román. M.G.   Dr. Pérez-Betancourt Y.

4. Calcular la masa de Hipoclorito de Sodio (NaClO) necesario para preparar
   2.5 L de solución al 52% en masa de la sal oxisal y de densidad 1.1 g/ml.
   R=1430g

5. Se disuelve 45 gramos de amoniaco, NH_3, en 500 gramos de agua.
   Calcular el porcentaje en masa de la disolución. R=8.25%

6. Calcular los gramos de una sustancia que hay que pesar para preparar
   250 ml de una solución de concentración 20g/L. R= 5 g.

7. Calcular la cantidad de Hidróxido de Sodio y de agua que son necesarios
   para preparar 7 litros de una solución al 32% en peso, cuya densidad es
   de 1.15 g/ml. R=2576 g NaOH, 5474 g Agua.

8. ¿Cuántos gramos de HCl puro existen en 1 ml de solución de HCl al 38.5% en peso y de densidad 1.2 g/ml? R= 0.462 g.

9. ¿Cuántos Kg de solución de KOH al 45% en peso de la base darán 16 onzas de KOH puro? R=1.01 Kg

10. Una solución de Ácido Fosfórico tiene d= 1.75 g/ml y contiene 85% en masa del ácido. ¿Qué volumen en L de solución ocuparán 250 g de ácido puro? R= 0.168L.

CONCENTRACIONES QUÍMICAS DE SOLUCIONES- MOLARIDAD (M)

CN.Q.5.3.2. Comparar y analizar disoluciones de diferente concentración mediante la elaboración de soluciones de uso común.

Se denota con la letra M, indica la relación que existe entre el soluto, expresado en moles y el volumen de la solución, expresada en litros.

$$M = \frac{\text{moles soluto}}{\text{V Sln (L)}}$$

Para la resolución de ejercicios que involucre molaridad es conveniente recordar la forma de calcular los moles de sustancia

$$\text{moles (n)} = \frac{\text{g sustancia (g)}}{\text{peso molecular de la sustancia}(\bar{M})}$$

Cuando a una solución se le agrega únicamente disolvente (agua) se dice que la solución se ha **diluido**, en este caso hay que considerar que:

- El volumen de nueva solución en comparación de la inicial, se ha incrementado
- La concentración de la nueva solución en comparación de la inicial, ha disminuido
- La cantidad de soluto (moles, equivalentes químicos, gramos) antes y después de la dilución es constante.

De acuerdo a las expresiones de molaridad y moles expuestas con anterioridad se establece la expresión química que permite hacer cálculos cuando existe **dilución** de soluciones.

$$C_1V_1 = C_2V_2$$

En la cual:
C_1= concentración inicial
C_2= concentración final
V_1= volumen inicial
V_2= volumen final

Ejercicios resueltos de molaridad

1. **Calcular la concentración molar de una solución que ha sido preparada mezclando 14.6 g de $CuSO_4$ y añadiendo agua suficiente hasta completar 1500 ml de solución.**

   Es necesario transformar los gramos de soluto a moles y el volumen de solución a litros

$$M=\cfrac{\cfrac{14.6 \text{ g } CuSO_4}{159.54 \text{ g/mol}}}{1500 \text{ ml Sln}*\cfrac{1 \text{ L sln}}{1000 \text{ ml}}}=0.06 \ \frac{mol}{L}$$

2. **Calcular los gramos de $Ca(OH)_2$ necesarios para preparar 250 ml de solución 0.03 M de la base**

   Considerando la expresión de molaridad y tomando como dato problema el volumen y concentración de la solución a preparar se puede despejar las moles de soluto y estos transformarlos a gramos.

   Es importante denotar que la expresión 0.03 M está indicando un factor de conversión que se lee $\dfrac{0.03 \text{ moles } Ca(OH)_2}{1 \text{ L sln o } 1000\text{ml sln}}$

$$250 \text{ ml sln}*\frac{0.03 \text{ n } Ca(OH)_2}{1000 \text{ ml sln}}*\frac{74 \text{ g } Ca(OH)_2}{1 \text{ n } Ca(OH)_2}=0.56 \text{ g } Ca(OH)_2$$

3. **La solución electrolítica utilizada en las baterías de automóviles es una mezcla de H_2SO_4 en agua. Calcular la molaridad de la solución electrolítica ácida, si la misma fue preparada utilizando 250 ml de solución de H_2SO_4 al 95.6% en peso, densidad 1.6 g/ml y mezclada con 2500 ml de H_2O.**

El ejercicio trata de una solución que tiene al soluto, H_2SO_4, presente en una disolución previa que se le llamará (1), por lo que es necesario calcular en primera instancia las moles de H_2SO_4 y dividir para el volumen aditivo de la solución

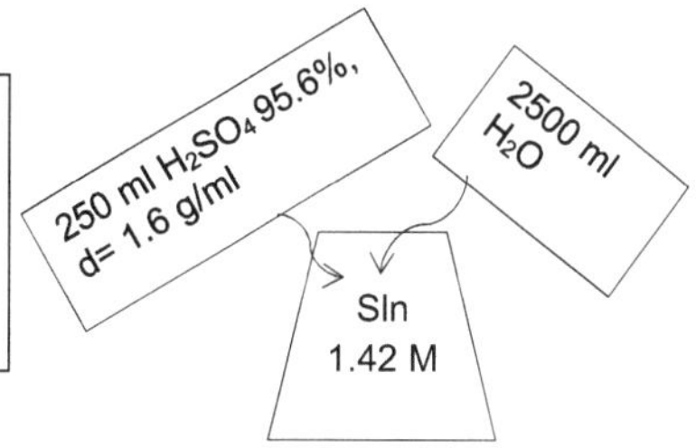

Ing. Mayorga-Román. M.G.   Dr. Pérez-Betancourt Y.

$$M=\dfrac{250 \text{ ml sln } H_2SO_4 * \dfrac{1.6 \text{ g sln}}{1 \text{ ml sln}} * \dfrac{95.6 \text{ g } H_2SO_4}{100 \text{ g sln}} * \dfrac{1 \text{ mol } H_2SO_4}{98 \text{ g } H_2SO_4}}{(250 \text{ ml sln } (1)+2500 \text{ ml } H_2O)* \dfrac{1 \text{ L}}{1000 \text{ ml}}}=1.42\dfrac{mol}{L}$$

4. **Una solución concentrada de Ácido Clorhídrico contiene 48.5% en peso de ácido y su densidad relativa es de 1.17, a partir de estos datos calcular la molaridad de la solución**

El ejercicio no proporciona un volumen de solución, por lo que el estudiante puede asumir un volumen cualquiera (ejemplo: 100 ml), además de recordar que la densidad relativa resulta de dividir la densidad de una sustancia para la densidad del agua (1 g/ml), en este caso la densidad de la solución y su densidad relativa son numéricamente iguales

$$M=\dfrac{100 \text{ ml sln (asumidos)} * \dfrac{1.17 \text{ g sln}}{1 \text{ ml sln}} * \dfrac{48.5 \text{ g HCl}}{100 \text{ g sln}} * \dfrac{1 \text{ mol HCl}}{36.45 \text{ g HCl}}}{100 \text{ ml sln (asumidos)}* \dfrac{1 \text{ L sln}}{1000 \text{ ml}}}=15.6\dfrac{mol}{L}$$

Aprendizaje autónomo

Resolver los siguientes ejercicios

1. Calcular la molaridad de una solución de Ácido sulfúrico comercial de densidad 1.5 g/mL y que contiene el 93% en masa de ácido. R= 14.23 M.

2. Calcular los gramos de Na puro que existen en 10 mL de solución de NaClO 2.5 M. R= 0.58 g Na

3. Calcular la molaridad de una solución que se ha preparado por disolución de 325 g de Bicarbonato de sodio ($NaHCO_3$) en agua hasta completar 1500 ml solución. R= 2.6 M.

4. Calcular la molaridad de una solución que se ha preparado diluyendo 100 mL de solución de HCl 0.1 M con 250 mL de Agua a 20 °C. R=0.03 M.

5. Se ha mezclado 1200 ml de solución de H_2SO_4 0.2 N con 800 ml de solución de H_2SO_4 0.3 M. Calcular la molaridad de la solución resultante. R= 0.24 M

CONCENTRACIONES QUÍMICAS DE SOLUCIONES-NORMALIDAD (N)

CN.Q.5.3.2. Comparar y analizar disoluciones de diferente concentración mediante la elaboración de soluciones de uso común.

Se denota con la letra N, indica la relación que existe entre el soluto, expresado en equivalentes químicos (eq-q) y el volumen de la solución, expresada en litros.

$$N = \frac{Eq\text{-}q \; soluto}{V \; Sln \; (L)}$$

Para la resolución de ejercicios que involucre normalidad es conveniente recordar la forma de calcular los equivalentes químicos de acuerdo al tipo de compuesto

Tabla 5.1. Equivalentes químicos según el tipo de compuesto

1 mol de un Ácido	1 mol de una Base	1 mol de una Sal	1 mol de un Elemento	1 mol del Agente oxidante o reductor
Tiene tantos equivalentes químicos, como	Tiene tantos equivalentes químicos, como	Tiene tantos equivalentes químicos, como	Tiene tantos equivalentes químicos, como	Tiene tantos equivalentes químicos, como
Números de hidrógenos tenga el ácido	Números de grupos oxhidrilos tenga la base	Cargas totales positivas o negativas tenga la sal	Su número de oxidación	Electrones ganados o perdidos
Ejemplo: $HCl = 1$ eq-q $H_2SO_4 = 2$ eq-q	Ejemplo: $Na(OH) = 1$ eq-q $Ca(OH)_2 = 2$ eq-q	Ejemplo: $Na_2(SO_4)$ Tiene 2 eq-q, porque la carga positiva neta es 2	Ejemplo: $Cu^{+2} = 2$ eq-q $K^{+1} = 1$ eq-q	Ejemplo: $Al^{+3} + 3e \rightarrow Al^0$ 3 eq-q

El número de eq-q, moles de compuesto y elementos, gramos, están relaciones de acuerdo al ejemplo expuesto en el siguiente esquema:

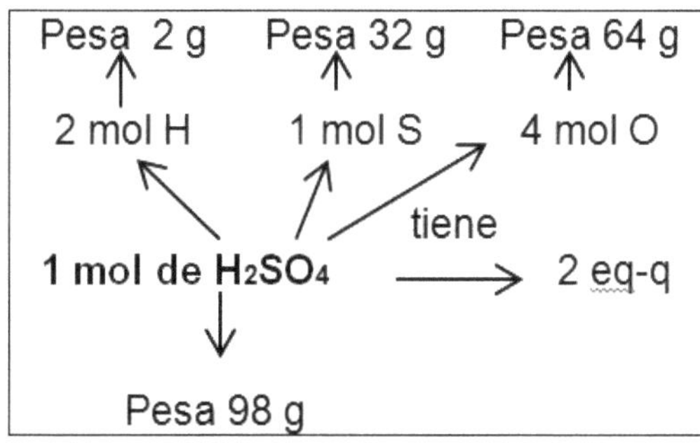

Figura 5.3. Equivalentes químicos vs moles y gramos

Ejercicios resueltos de normalidad

1. **Calcular la concentración normal de una solución que ha sido preparada utilizando 250 g de CuSO₄, con agua suficiente hasta completar 2000 mL de solución**

Los gramos de soluto deben ser convertidos eq-q tomando en consideración que es una sal, el volumen de la solución debe llevarse a su equivalencia en litros

$$N=\dfrac{250 \text{ g CuSO}_4 * \dfrac{1 \text{ mol CuSO}_4}{159.54 \text{ g CuSO}_4} * \dfrac{2 \text{ eq-q}}{1 \text{ mol CuSO}_4}}{2000 \text{ ml} * \dfrac{1 \text{ L}}{1000 \text{ ml}}} = 1.57 \dfrac{\text{eq-q}}{\text{L}}$$

2. **Calcular la concentración normal de una solución que ha sido preparada utilizando 250 mL de Solución de CuSO4 al 25% en peso de la sal y de densidad 1.2 g/mL, con agua suficiente hasta completar 1.5 L de solución**

El CuSO₄ está presente en una solución comercial, es necesario calcular los gramos de CuSO₄ puros y convertirlos en eq-q, el análisis dimensional nos permite resolver el ejercicio de la siguiente manera.

$$N=\dfrac{250 \text{ mL Sln CuSO}_4 * \dfrac{1.2 \text{ g Sln CuSO}_4}{1 \text{ mL CuSO}_4} * \dfrac{25 \text{ g CuSO}_4}{100 \text{ g sln CuSO}_4} * \dfrac{2 \text{ eq-q}}{159.94 \text{ g CuSO}_4}}{1.5 \text{ L}} = 0.6 \dfrac{\text{eq-q}}{\text{L}}$$

Ing. Mayorga-Román. M.G.   Dr. Pérez-Betancourt Y.

3. **Se desea diluir 500 ml de solución de H_2SO_4 al 1.5 N para obtener otra solución de H_2SO_4 0.1 N. ¿Cuántos mL de agua serán necesarios agregar a dicha solución?**

El ejercicio deja ver que se trata de una dilución, por lo que se utilizará la expresión numérica de diluciones

$$C_1V_1=C_2V_2$$

$$1.5\ N*500\ mL=0.1\ N*V_2$$

$$V_2=\frac{1.5*500}{0.1}=7500\ mL\ de\ Sln\ 2$$

V final=V inicial+agua añadida

V Agua añadida final=7500 mL-500mL=7000 mL

En un inicio se tenía 500 mL de solución inicial, 7500 mL corresponden al volumen de la solución final, debe entenderse que el nuevo volumen resulta de la adición 7000 mL de agua.

Utilizando factores de conversión, el ejercicio puede resolver considerando 500 ml de solución de H_2SO_4 al 1.5 N como el dato problema y los mL de agua necesarios de solución de H_2SO_4 0.1 N como la pregunta, llegando al mismo resultado en ambos casos.

$$500\ mL\ sln*\frac{1.5\ eq\text{-}q\ H_2SO_4}{1000\ mL\ sln}*\frac{1000\ mL\ sln}{0.1\ eq\text{-}q\ H_2SO_4}=7500\ mL\ sln\ 2$$

V final=V inicial+agua añadida

V Agua añadida final=7500 mL-500mL=7000 mL

4. **Calcular la normalidad de 250 ml de solución 0.25 M de Ácido Sulfúrico**

Para la resolución del ejercicio se debe recordar que la que la molaridad y normalidad de un compuesto guardan una relación numérica constante.

<u>Datos:</u>
1 mol $\rightarrow H_2SO_4 \rightarrow$ 2 Eq-q

$$0.25\ M=\frac{0.25\ moles\ H_2SO_4}{1000\ mL\ sln}$$

Resolución:

$$N = \dfrac{250 \text{ mL sln} * \dfrac{0.25 \text{ moles } H_2SO_4}{1000 \text{ mL sln}} * \dfrac{2 \text{ Eq-q}}{1 \text{ mol } H_2SO_4}}{250 \text{ mL} * \dfrac{1 \text{ L sln}}{1000 \text{ mL}}} = 0.5 \dfrac{\text{Eq-q}}{\text{L}}$$

5. **Calcular la molaridad de 750 mL de solución 0.33 N de K_2CrO_4**

Datos:
1 mol $\rightarrow K_2CrO_4 \rightarrow$ 2 Eq-q

$$0.33 \text{ N} = \dfrac{0.33 \text{ Eq-q } K_2CrO_4}{1 \text{ L sln}}$$

Resolución:

$$M = \dfrac{750 \text{ mL sln} * \dfrac{1 \text{ L sln}}{1000 \text{ mL sln}} * \dfrac{0.3 \text{ Eq-q } K_2CrO_4}{1 \text{ L sln}} * \dfrac{1 \text{ mol } K_2CrO_4}{2 \text{ Eq-q } K_2CrO_4}}{750 \text{ mL} * \dfrac{1 \text{ L sln}}{1000 \text{ mL}}} = 0.15 \dfrac{\text{mol}}{\text{L}}$$

6. **Cuál es la normalidad de una solución de Ácido fosfórico cuya densidad es 1.1 g/mL y tiene 20% en masa de ácido disuelto en 750 ml de solución.**

Se dispone de una solución expresada en porcentaje en masa, la que debe ser expresada en concentración química.
Los pasos secuenciales para resolver el ejercicio consisten en obtener: g de solución, gramos de soluto, equivalentes de soluto; divido todo entre el volumen de solución

Resolución:

$$N = \dfrac{750 \text{ mL sln } H_3PO_4 * \dfrac{1.1 \text{ g sln } H_3PO_4}{1 \text{ mL sln } H_3PO_4} * \dfrac{20 \text{ g } H_3PO_4 \text{ puro}}{\text{en } 100 \text{ g sln}} * \dfrac{3 \text{ Eq-q}}{98 \text{ g } H_3PO_4 \text{ puro}}}{750 \text{ mL} * \dfrac{1 \text{ L}}{1000 \text{ mL}}} = 6.7 \text{ Eq-q/L}$$

Aprendizaje autónomo

1. Calcular la normalidad de una solución de Ácido clorhídrico comercial de densidad 1.2 g/mL y que contiene el 63% en masa de ácido. R= 20.74 N

2. Calcular las moles de S que existen en 120 mL de solución de H_2S 1.25 N. R= 0.075 n

3. Calcular la normalidad de 3.8 galones de solución 0.25 M de Ácido sulfúrico. R=0.5 N.

4. Calcular la molaridad de 1500 ml de una solución 0.3 N de Ácido fosfórico. R=0.1 M

5. Se afirma que una solución de un ácido monoprotico fuerte, tiene su N y M, numéricamente iguales. Justifique con números esta afirmación

6. ¿Qué masa de ion cúprico existen en 1.5 L de solución de Sulfato cúprico 0.3 M?. R= 286 g

CONCENTRACIONES QUÍMICAS DE SOLUCIONES- MOLALIDAD (m)

CN.Q.5.3.2. Comparar y analizar disoluciones de diferente concentración mediante la elaboración de soluciones de uso común.

La molalidad y fracción molar son unidades de concentración química se utilizan cuando se aborda el tema de **propiedades coligativas** de las soluciones, en donde el abatimiento de la presión de vapor, elevación del punto de ebullición, depresión del punto de congelación y la presión osmótica, depende de la concentración total de todas las partículas del soluto.

Se denota con la letra m, indica la relación que existe entre el soluto, expresado en moles y los kilogramos del disolvente.

$$m = \frac{\text{moles soluto}}{\text{Kg de disolvente}}$$

Ejercicios resueltos de concentración molal

1. **Calcular la concentración molal de una solución que contiene 18 g de NaOH en 100 mL de agua.**

$$m = \frac{18 \text{ g NaOH} * \dfrac{1 \text{ mol NaOH}}{40 \text{ g NaOH}}}{100 \text{ mL H}_2\text{O} * \dfrac{1 \text{ g H}_2\text{O}}{1 \text{ ml H}_2\text{O}} * \dfrac{1 \text{ Kg H}_2\text{O}}{1000 \text{ g H}_2\text{O}}} = 4.5 \ \frac{\text{mol NaOH}}{\text{Kg H}_2\text{O}}$$

2. **Cuántos gramos de agua deben usarse para disolver 125 g de Sacarosa ($C_{12}H_{22}O_{11}$) a fin de preparar una solución 1.1 molal de Sacarosa?**

$$125 \text{ g C}_{12}\text{H}_{22}\text{O}_{11} * \frac{1 \text{ mol C}_{12}\text{H}_{22}\text{O}_{11}}{342 \text{ g C}_{12}\text{H}_{22}\text{O}_{11}} * \frac{1 \text{ Kg H}_2\text{O}}{1.1 \text{ mol C}_{12}\text{H}_{22}\text{O}_{11}} * \frac{1000 \text{ g H}_2\text{O}}{1 \text{ Kg H}_2\text{O}} = 332.3 \text{ g}$$

Ing. Mayorga-Román. M.G.   Dr. Pérez-Betancourt Y.

3. **Calcular la molalidad de 250 ml de solución de sacarosa, $C_{12}H_{22}O_{11}$, al 75% en peso y densidad= 1.1 g/ml**

Para resolver el ejercicio es necesario recordar que el porcentaje de pureza de una solución hace referencia a la cantidad de soluto disuelto, para el ejercicio: 75% = $C_{12}H_{22}O_{11}$ y 25% = H_2O, los que serán transformados en moles y Kg de forma respectiva, utilizando factores de conversión y el análisis dimensional.

$$m=\dfrac{250 \text{ mL sln}*\dfrac{1.1 \text{ g sln}}{1 \text{ mL sln}}*\dfrac{75 \text{ g } C_{12}H_{22}O_{11}}{100 \text{ g sln}}*\dfrac{1 \text{ mol } C_{12}H_{22}O_{11}}{342 \text{ g } C_{12}H_{22}O_{11}}}{250 \text{ mL sln}*\dfrac{1.1 \text{ g sln}}{1 \text{ mL sln}}*\dfrac{25 \text{ g } H_2O}{100 \text{ g sln}}*\dfrac{1 \text{ Kg } H_2O}{1000 \text{ g } H_2O}}=8.8\dfrac{\text{mol}}{\text{Kg } H_2O}$$

4. **Calcular y describir los pasos para preparar 1.5 L de solución 2.1 m de NaCl, de densidad 1.05 g/ml.**

La resolución estratégica de problemas y el análisis dimensional establece determinar la pregunta, el dato problema y el factor de conversión, para solucionar el ejercicio. El ejercicio determina como factor de conversión $\dfrac{2.1 \text{ mol NaCl}}{1 \text{ Kg agua}}$

- Calcular los g de solución que se va a obtener

$$1.5 \text{ L sln}*\dfrac{1000 \text{ mL sln}}{1 \text{ L sln}}*\dfrac{1.05 \text{ g sln}}{1 \text{ mL sln}}=1575 \text{ g sln}$$

- Calcular los g de soluto en 1 Kg (1000 g H_2O)

$$2.1 \text{ mol NaCl}*\dfrac{58.45 \text{ g NaCl}}{1 \text{ mol NaCl}}=122.745 \text{ g NaCl}$$

$$122.745 \text{ g NaCl}+1000 \text{ g } H_2O=1122.745 \text{ g sln}$$

- Calcular los gramos de NaCl en los 1575 g de solución que se desea preparar

$$1575 \text{ g sln}*\dfrac{122.745 \text{ g NaCl}}{1122.745 \text{ g sln}}=172.2 \text{ g NaCl}$$

- Calcular la cantidad de agua

1575 g (sln 2.1 m)-172.2 g NaCl presentes en la sln 2.1 m=1402.8 g agua

Se debe colocar en un recipiente 172,2 g de NaCl y completar con agua suficiente hasta completar 1500 ml de solución (1402.8 g de agua)

- Se comprueba la molalidad

$$m=\frac{\dfrac{172.2\ g\ NaCl}{58.45\ g/mol}}{1402.8\ g\ H_2O*\dfrac{1\ Kg\ H_2O}{1000\ g\ H_2O}}=2.1\ \frac{mol}{Kg}$$

Aprendizaje autónomo

1. Calcular la molalidad de la solución si se disuelven 3,5 g de ácido sulfúrico en 500 g de agua. considerar la densidad de la disolución resultante como 1,5 g/mL. R= $7.14*10^{-2}$ m

2. Cuántos Kg de agua deben usarse para disolver 23 g de sacarosa con la finalidad de obtener una solución 1.3 m de sacarosa. R. 0.05 Kg.

FRACCIÓN MOLAR (X)

Es un valor adimensional
Una solución está formada por soluto y solvente.
En una solución la fracción molar del soluto es:

$$X_{soluto}=\frac{n\ soluto}{n\ soluto+n\ solvente}$$

En una solución la fracción molar del solvente es:

$$X_{solvente}=\frac{n\ solvente}{n\ soluto+n\ solvente}$$

La suma de las fracciones molares del soluto y del solvente siempre es igual a 1

Ejercicios resueltos de fracción molar

1. **Calcular la fracción molar del soluto y solvente en una solución preparada a 25 °C partir de la mezcla de 230 g de CH₃OH y 328 g de H₂O.**

Es necesario recordar que de no indicarse lo contrario el disolvente universal es el agua, o la sustancia de mayor cantidad
Soluto= CH_3OH; Solvente= H_2O

$$x_{CH_3OH}=\frac{\dfrac{230\ g}{32\ \frac{g}{mol}}}{\dfrac{230\ g}{32\ \frac{g}{mol}}+\dfrac{328\ g}{18\ \frac{g}{mol}}}=0.28$$

$$x_{H_2O}=\frac{\dfrac{328\ g}{18\ \frac{g}{mol}}}{\dfrac{230\ g}{32\ \frac{g}{mol}}+\dfrac{328\ g}{18\ \frac{g}{mol}}}=0.72$$

2. **¿Cuál es la fracción molar de Etanol y del agua en una solución que se preparó mezclando 60 mL de etanol y 80 mL de agua a 25 °C? Considere al etanol con d= 0.789 g/m L**

El agua a 25 °C tiene d= 1g/mL

$$x_{C_2H_6O}=\frac{60\ mL*\dfrac{0.789\ g}{1\ mL}*\dfrac{1\ mol}{46\ g}}{(60\ mL*\dfrac{0.789\ g}{1\ mL}*\dfrac{1\ mol}{46\ g})+\dfrac{80\ g}{18\ \frac{g}{mol}}}=0.188$$

$$x_{H_2O}=\frac{\dfrac{80\ g}{18\ \frac{g}{mol}}}{(60\ mL*\dfrac{0.789\ g}{1\ mL}*\dfrac{1\ mol}{46\ g})+\dfrac{80\ g}{18\ \frac{g}{mol}}}=0.812$$

3. **Considerando una solución 3.5 M de solución de ácido sulfúrico de las baterías de automóviles con densidad 1.3 g/mL. Calcular**

la fracción molar del ácido sulfúrico y el porcentaje en masa del agua en la solución

Para calcular la fracción molar es necesario disponer de las moles y gramos del soluto (H_2SO_4), moles del H_2O; como el ejercicio no proporciona un dato específico de volumen de solución se considerará uno cualquiera, en este caso 100 mL de solución serán utilizados.

No olvidar que el valor de 3.5 M, indica 3.5 moles de soluto en 1000 mL de solución y la densidad indica 1 mL de solución pesa 1.3 g.

$$100 \text{ mL sln} * \frac{3.5 \text{ mol } H_2SO_4}{1000 \text{ mL sln}} * \frac{98 \text{ g}}{1 \text{ mol } H_2SO_4} = 34.3 \text{ g } H_2SO_4 \text{ (soluto)}$$

$$100 \text{ mL sln} * \frac{1.3 \text{ g}}{1 \text{ mL sln}} = 130 \text{ g sln}$$

$$g \text{ solución} = g \text{ soluto} + g \text{ solvente } (H_2O)$$

$$n \ H_2O = (130 - 34.3)g * \frac{1 \text{ mol } H_2O}{18 \text{ g}} = 5.32 \text{ moles } H_2O$$

$$X_{H_2SO_4} = \frac{100 \text{ mL sln} * \frac{3.5 \text{ mol } H_2SO_4}{1000 \text{ mL sln}}}{\left(100 \text{ mL sln} * \frac{3.5 \text{ mol } H_2SO_4}{1000 \text{ mL sln}}\right) + (5.32 \ n \ H_2O)} = 0.06$$

ÁCIDOS Y BASES

CN.Q.5.3.2. Comparar y analizar disoluciones de diferente concentración mediante la elaboración de soluciones de uso común.

Las reacciones químicas en las que intervienen los ácidos y bases son de gran importancia en la vida diaria del hombre y los beneficios que de ellas son innumerables.

Los metales se oxidan con el Oxígeno del aire, formando óxidos y posteriormente hidróxidos, mismos que se los puede limpiar utilizando un Ácido Clorhídrico (HCl). El Ácido Acético en solución es utilizado para preparar ensaladas. El Hidróxido de Sodio Na(OH), considerado como una base fuerte, funciona como disolvente de manchas y es utilizado en la fabricación de jabones (mediante un proceso de saponificación). El Cloruro de Sodio (NaCl) una sal halógena neutra, resultante de la neutralización del Ácido Clorhídrico (HCl) (electrolito fuerte) con el Hidróxido de Sodio (NaOH) (electrolito fuerte), es comúnmente utilizado para sazonar los alimentos. Algunas sales de amonio son utilizadas como fertilizantes.

Propiedades de las disoluciones acuosas de ácidos y bases

Tabla 5.2. Propiedades de ácidos y bases

Ácidos	Bases
Tienen un sabor agrio	Tiene sabor cáustico o amargo
En disolución acuosa enrojecen la tintura o papel de tornasol	En disolución acuosa azulean el papel o tintura de tornasol
En presencia de fenolftaleína son incoloras	En presencia de Fenolftaleína son de color fucsia
Los ácidos no oxidantes (HCl, H_2SO_4) reaccionan con los metales que están arriba del H en la tabla de actividad química, desprendiendo gas Hidrógeno $2HCl+Zn\ (s)\_\ ZnCl_2+H_2$	Precipitan sustancias disueltas por ácidos
Neutralizan la acción de las bases	Neutralizan la acción de los ácidos
Son electrolitos, permiten el paso de la corriente eléctrica, mediante la ionización total o parcial de la sustancia	Son electrolitos, permiten el paso de la corriente eléctrica, mediante la ionización total o parcial de la sustancia

Teoría de Bronsted – Lowry

Existen diferentes teorías sobre ácidos y bases, este texto utiliza los estudios realizados por Bronsted-Lowry para abordar el tema de ácidos y bases porque   es suficientemente inclusiva y no se limita a considerar la presencia de protones (H^+) en ácidos y $(OH)^-$ en las bases.

Ácido: se define como toda sustancia que tiene la capacidad de donar protones (H^+)

Base: se define como toda sustancia que tiene la capacidad de receptar protones (H^+)

Reacción ácido- base: es la transferencia de un protón de un ácido a una base

$$HCl\ (sln)+NaOH\ (sln) \rightarrow NaCl(sln)+ H_2O \quad \text{ecuación molecular}$$

$$H^+ + Cl^- + Na^+ +(OH)^- \rightarrow Na^+ + Cl^- + H_2O \quad \text{ecuación iónica}$$

El Ácido clorhídrico (HCl) tiene la capacidad de donar un protón ($\mathbf{H^+}$), desde la conceptualización de Bronsted-Lowry ésta sustancia es considerada como un ácido, el $\mathbf{(OH)}^-$ procedente del Hidróxido de sodio (NaOH) tiene la capacidad de receptar éste protón proveniente del HCl, por ésta razón según Brosnted- Lowry el NAOH es considerado como una base.

La ionización del electrolito fuerte, Ácido Clorhídrico (HCl), en agua es una reacción ácido-base en la que el agua actúa como receptor de protones (base).

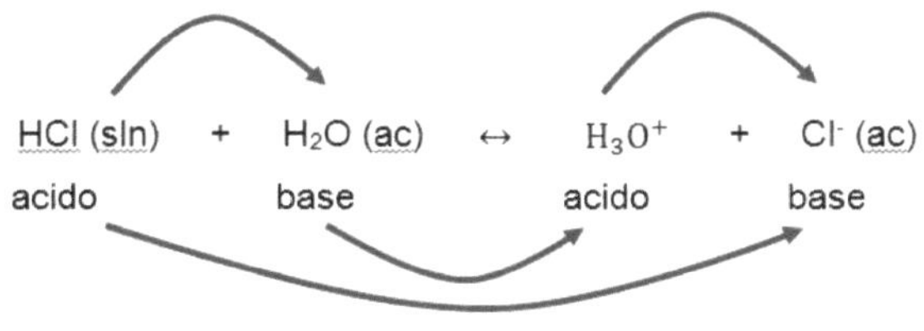

Pares conjugados

Figura 5.4. Ionización del ácido clorhídrico

Auto ionización del agua

La molécula de agua está formada por dos átomos de H unidos a un átomo de O por medio de dos enlaces covalentes. El ángulo entre los enlaces H-

145

O-H es de 104,5°. El oxígeno es más electronegativo que el hidrógeno y atrae con más fuerza a los electrones de cada enlace.

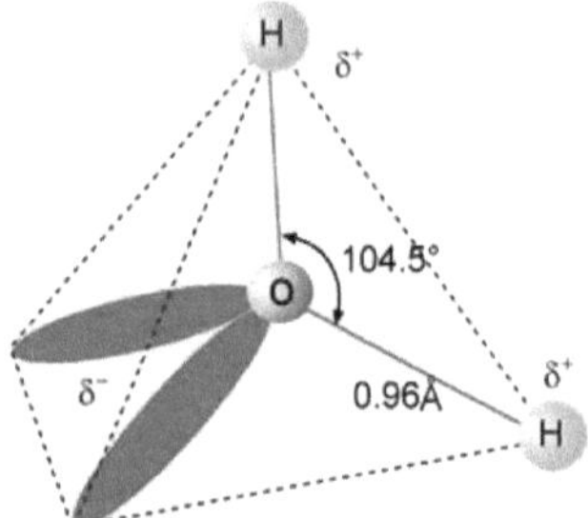

Figura 5.5. Estructura molecular del agua

El agua es conocida como el disolvente universal. Esta propiedad, tal vez la más importante para la vida, se debe a su capacidad para formar puentes de hidrógeno.

Experimentalmente se ha demostrado que el agua se ioniza muy poco, considerando la teoría de Bronsted-Lowry la autoionización del agua es considerada una reacción ácido base en la que la molécula de agua (ácido) cede un protón a otra molécula de agua (base) produciendo un ion oxhidrilo, OH⁻ (base conjugada) más un ion hidronio, H_3O^+ (ácido conjugado).

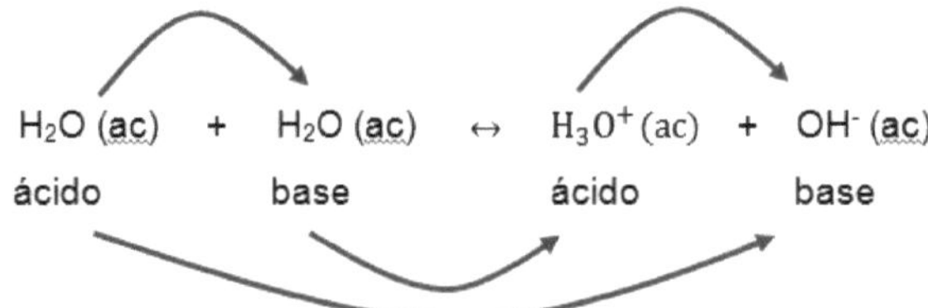

Pares conjugados

Figura 5.6. auto ionización del agua

La auto ionización del agua ocurre a escalas muy pequeñas, el valor de la concentración de iones OH⁻ y H_3O^+ formados quedara determinada por la constante de disociación del agua

Fuerza de ácidos y bases

La facilidad de ionización de ácidos y bases depende de:
- Facilidad con la que se rompan los enlaces H- halógeno, debido a la diferencia de electronegatividad de los elementos que forman el ácido.

146

- Estabilidad de los iones resultantes en disolución.

Tabla 5.3. Fuerza de los ácidos

Clasificación de ácidos y bases fuertes				
Ácidos fuertes		Ácidos débiles	Bases fuertes		Bases débiles
Binarios	Ternarios				
HCl	$HClO_4$	Todos los ácidos no clasificados como fuertes	LiOH $\quad$ $Ca(OH)_2$ NaOH $\quad$ $Sr(OH)_2$ KOH $\quad$ $Ba(OH)_2$ RbOH CsOH		Todas las bases no clasificadas como fuertes
HBr	$HClO_3$				
HI	HNO_3				
	H_2SO_4				

Cálculo de p H

El cálculo de p H es una escala de acidez que tiene como valor mínimo 0 y como máximo 14, siendo el valor de 0 el que representa la mayor acidez y los valores menores a 6,9 representan a sustancias ácidas, los valores superiores a 7 representan a sustancias básicas y el valor de 7 corresponde a un valor neutro.

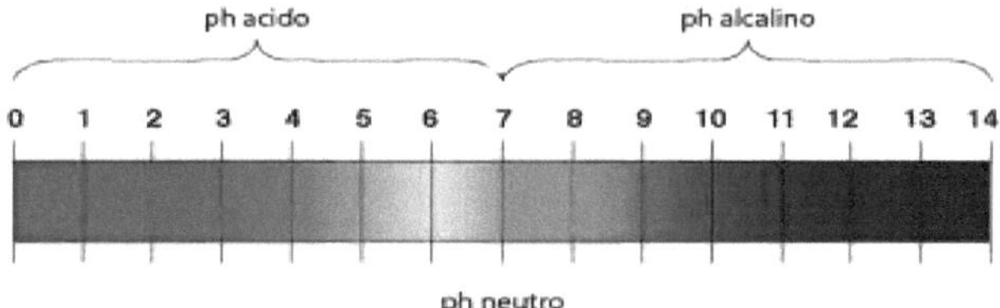

Figura 5.7. escala de p H

Para calcular el p H de una sustancia se emplea:
$$pH = -Log[H]$$

Ejemplo: Calcular el p H de una solución 0.25 M de HNO_3
La disolución de HNO_3 produce una concentración 0,25 M de H^+
$$pH = -Log[0,25]$$
$$pH = 0,60$$

El Valor resultante corrobora la naturaleza ácida de la sustancia analizada

Ing. Mayorga-Román. M.G. $\qquad$ Dr. Pérez-Betancourt Y.

ECUACIONES Y REACCIONES QUÍMICAS

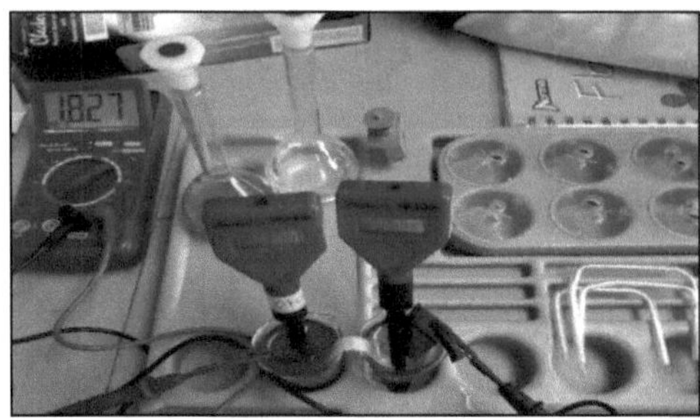

Objetivos generales del área de Ciencias Naturales

OG.CN.1. Desarrollar habilidades de pensamiento científico con el fin de lograr flexibilidad intelectual, espíritu indagador y pensamiento crítico; demostrar curiosidad por explorar el medio que les rodea y valorar la naturaleza como resultado de la comprensión de las interacciones entre los seres vivos y el ambiente físico.

Objetivos específicos de la Química para el nivel de Bachillerato.

O.CN.Q.5.9. Reconocer diversos tipos de sistemas dispersos según el estado de agregación de sus componentes, y el tamaño de las partículas de su fase dispersa, sus propiedades y aplicaciones tecnológicas y preparar diversos tipos de disoluciones de concentraciones conocidas en un entorno de trabajo colaborativo utilizando todos los recursos físicos e intelectuales.

Objetivos de la Unidad

1. Analizar los diferentes tipos de reacciones químicas.

2. Analizar diferentes métodos de igualación de ecuaciones químicas

Ing. Mayorga-Román. M.G.   Dr. Pérez-Betancourt Y.

REACCIONES QUÍMICAS

CN.Q.5.1.14. Comparar los tipos de reacciones químicas: combinación, descomposición, desplazamiento, exotérmicas y endotérmicas, partiendo de la experimentación, análisis e interpretación de los datos registrados y la complementación de información bibliográfica y procedente de las TIC.

La materia es sujeta de sufrir cambios físicos y químicos. Los cambios físicos son aquellos en los que no se producen modificaciones en la naturaleza de las sustancias químicas. Ejemplo: cambio de estado físico del agua, disolución de $NaCl$ en H_2O. Los cambios químicos son aquellos en los que la naturaleza de las sustancias ha sufrido cambios, desaparecen las sustancias iniciales y aparecen otras con propiedades diferentes.

Una reacción química es un proceso por el cual una o más sustancias, llamadas reactivos, se transforman en otra u otras sustancias con propiedades diferentes, llamadas productos, es decir, una reacción química es un cambio químico de la materia. En una reacción química, los enlaces entre los átomos que forman los reactivos se rompen, produciéndose un reordenamiento de átomos, dando lugar a nuevos enlaces y sustancias diferentes a las iniciales.

Una reacción química se caracteriza por:

- Los productos formados tienen características totalmente diferentes a los reactivos
- A la reacción química le acompaña una cantidad de energía ganada o perdida, lo que se conoce como reacciones endotérmicas y exotérmicas, respectivamente.
- Toda reacción química obedece la ley de la conservación de la materia y energía.

Una reacción química se representa mediante una ecuación química. En una ecuación química hay que considerar:

- Las fórmulas de los reactivos se escriben a la izquierda, y las de los productos a la derecha, separadas ambas por una flecha que indica el sentido de la reacción.
- Debe existir el mismo número de elementos químicos en reactivos y en productos, si no es así, será necesario igualar la ecuación química mediante los diferentes procedimientos
- Delante de cada compuesto de la ecuación química, existe un coeficiente numérico que indica el número de moles del compuesto
- El número de moles de un compuesto, determina el número de moles de un elemento químico
- Los subíndices que existen en un compuesto químico, indican la relación numérica de moles de elementos al interior del compuesto.
- Los únicos números que se pueden modificar, con el fin de igualar la ecuación química, son los coeficientes numéricos, más no los subíndices de los compuestos
- Es necesario indicar el estado físico de las sustancias presentes en una ecuación química, a saber: sólido (s), líquido (l), gas (g), acuoso (ac), solución (sln).

Deducir la información de la siguiente ecuación química

$$H_2SO_4\ (sln) + 2\ NaOH(sln) \rightarrow Na_2(SO_4)(sln) + 2\ H_2O(l)$$

- Los reactivos son el ácido sulfúrico y el hidróxido de sodio
- Los productos son el sulfato de sodio y el agua
- Existe 1 mol de ácido sulfúrico
- Existe 2 moles de H en el 1 mol de ácido sulfúrico
- Existe 1 mol de S en el 1 mol de ácido sulfúrico
- Existen 4 moles de O en el 1 mol de ácido sulfúrico
- Existen 2 moles de hidróxido de sodio
- Existen 2 moles de Na en las 2 moles de hidróxido de sodio
- Existen 2 moles de O en las 2 moles de hidróxido de sodio
- Existen 2 moles de H en las 2 moles de hidróxido de sodio
- Existe 1 mol de sulfato de sodio
- Existe 2 moles de agua
- Existe la misma cantidad de moles de H, S, O, Na, tanto en reactivos como en productos

150

Tipos de reacciones químicas

Reacciones de Síntesis o Composición

Dos o más elementos o compuestos se combinan, resultando en un solo producto.

$$A + B = C$$

Ejemplo: formación de anhídridos

$$\frac{N_2O_5}{\text{Anhídrido Nítrico}} + \frac{H_2O}{\text{Agua}} \to \frac{2HNO_3}{\text{Ácido Nítrico}} \quad \text{(ecuación igualada)}$$

$$\frac{CO_2}{\text{Anhídrido Carbónico}} + \frac{H_2O}{\text{Agua}} \to \frac{H_2CO_3}{\text{Ácido Carbónico}} \quad \text{(ecuación igualada)}$$

$$\frac{SO_3}{\text{Anhídrido Sulfúrico}} + \frac{H_2O}{\text{Agua}} \to \frac{H_2SO_4}{\text{Ácido Sulfúrico}} \quad \text{(ecuación igualada)}$$

Ejemplo: formación de hidróxidos

$$\frac{MgO}{\text{Óxido de Magnesio}} + \frac{H_2O}{\text{1 mol de agua}} \to \frac{Mg(OH)_2}{\text{Hidróxido de Magnesio}}$$

$$\frac{Fe_2O_3}{\text{Óxido de Ferrico}} + \frac{3\,H_2O}{\text{3 moles de agua}} \to \frac{2\,Fe(OH)_3}{\text{Hidróxido Férrico}}$$

Ejemplo: formación de peróxidos

$$2Na(s) + O_{2(g)} \to \frac{Na_2O_2\,(g)}{\text{peróxido de sodio}}$$

$$K(s) + (O_2)(g) \to \frac{KO_2(s)}{\text{Superóxido de potasio}}$$

Ejemplo: formación de óxidos

$$4Al\,(s) + 3\,O_2\,(g) \to 2\,Al_2O_3\,(s)$$

Reacciones de Descomposición

A partir de una sustancia se obtienen por reacción química dos o más productos

$$AB = A + B$$

Ejemplo: electrólisis del agua.
$$2\ H_2O(l) \rightarrow 2H_2(g) + O_2(g)$$

Ejemplo: combustión del Carbonato de Calcio.

$CaCO_3(s) + energía \rightarrow CaO(s) + CO_2(g)$ también es reacción endotérmica

Reacciones de Desplazamiento o Sustitución Simple

Son aquellas en las cuales un elemento toma el lugar de otro similar pero menos activo en un compuesto. Los metales reemplazan metales o al hidrógeno de un ácido no oxidante como el ácido clorhídrico o sulfúrico.

$$HX + M = MX + H$$

Ejemplo: $\qquad 2\ HCl\ (sln) + 2\ Na\ (s) = 2\ NaCl\ (sln) + H_2\ (g)$

$$H_2SO_4\ (sln) + Ca\ (s) = CaSO_4\ (sln) + H_2\ (g)$$

Reacciones de Doble Desplazamiento o Intercambio

Estas reacciones son aquellas en las cuales existe un intercambio entre el catión de un compuesto y el anión del otro compuesto, estas reacciones ocurren en solución acuosa.

$$AB + CD = AD + BC$$

Ejemplo: $KCl(sln) + Ag(NO_3)(sln) = K(NO_3)(sln) + AgCl(sln)$

Reacciones de Combustión

Estas reacciones ocurren cuando un hidrocarburo se combina con el oxígeno, formando agua y dióxido de carbono como productos de la reacción y liberando energía calorífica. Este tipo de reacción puede ser clasificada como una reacción exotérmica, desde el punto de vista que proporciona calor al entorno del sistema donde se desarrolla.

$$CxHx + O_2 = CO_2 + H_2O + calor$$

Ejemplo:

$$CH_4(g) + O_2(g) = CO_2(g) + 2\ H_2O\ (g) + calor$$

$$2 \ CH_3OH \ (l) + 3 \ O_2 \ (g) = 2 \ CO_2 \ (g) + \ 4 \ H_2O \ (g) + calor$$

Reacciones de neutralización

Llamadas reacciones ácido bases, son uno de los tipos de reacciones más importantes que se da en la naturaleza, razón por la que se la trata con mayor detenimiento en capítulo aparte. Se denominan de neutralización porque al reaccionar un ácido con un hidróxido, se produce la neutralización de las propiedades de los ácidos y bases, formando una sal y agua

$$HCl \ (ac) + NaOH \ (ac) = H_2O \ (l) + NaCl \ (ac)$$

Reacciones de precipitación

Son reacciones caracterizadas por la formación de un sólido insoluble, llamado precipitado, que se sedimenta en la solución formada y es el resultado de la reacción de cationes y aniones presentes.

$$CaCl_2 \ (ac) + Na_2CO_3 \ (ac) = CaCO_3 \ (s) + 2NaCl \ (ac)$$

Reacciones de Oxido- Reducción

Se caracterizan al darse dos semi procesos implícitos al mismo tiempo, es decir, no existe uno sin el otro. Los semi procesos son las reacciones de Oxidación y de Reducción, caracterizados por la variación en el estado de oxidación de los elementos químicos que forman parte de un compuesto, al pasar éstos de reactivos a productos.

Estado de Oxidación

Es un número entero adoptado por conveniencia con signo, positivo o negativo, que hace referencia a la cantidad de electrones de valencia que el átomo de un elemento gana o pierde, al formar enlaces con otro átomo con la finalidad de llegar a tener la configuración del gas noble más próximo en la tabla periódica.

Oxidación

Proceso químico que hace referencia al incremento numérico en el estado de oxidación de un elemento químico, al pasar de reactivos a productos. También se define como la producción de electrones por parte de un elemento químico. Ejemplo: El ion cloruro en reactivos (-1) se ha oxidado a Cloro gaseoso en productos (0), incrementado su número de oxidación y produciendo dos moles de electrones que resultan de la diferencia de la carga total de los iones cloruro, (-2) – (0), que provienen de la carga total del cloro gaseoso.

$$\overset{+1}{Na}\,\overset{-1}{Cl} \rightarrow \overset{0}{Cl_2} + 2e^-$$

Reducción

Proceso químico que hace referencia a la disminución numérica en el estado de oxidación de un elemento químico, al pasar de reactivos a productos. También se define como la ganancia de electrones por parte de un elemento químico. Ejemplo: El cloro gaseoso con estado de oxidación (0) en reactivos se reduce a ion cloruro en productos (-1), disminuyendo su número de oxidación previo haber ganado dos moles de electrones que resultan de la diferencia de la carga total del cloro gaseoso (0) – (-2), que provienen de la carga total del ion cloruro.

$$\overset{0}{Cl_2} + 2e^- \rightarrow 2\,\overset{+1}{Na}\,\overset{-1}{Cl}$$

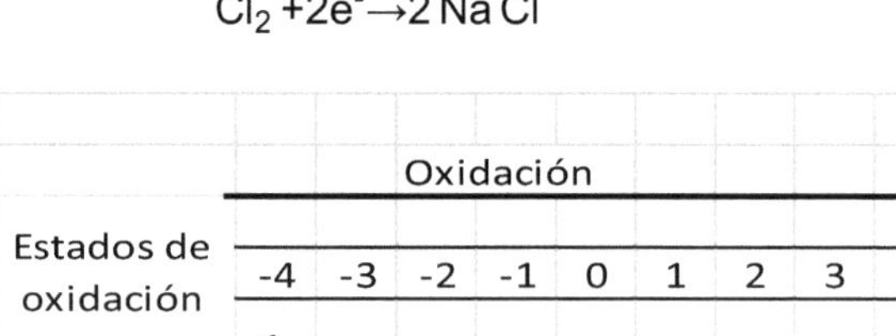

Figura 6.1. Oxidación y reducción

Reglas para determinar el Estado de oxidación, EDO:

Los números de oxidación se determinan de acuerdo a ciertas reglas
* El estado de oxidación de un elemento en estado libre es cero. Ejemplos: O2, H2, Al, Zn

- El estado de oxidación de un catión monoatómico es igual a su carga. Ejemplo: para el Cu^{2+}, el estado de oxidación es +2

- El estado de oxidación del hidrógeno, siempre será +1, excepto cuando sea parte de un hidruro metálico, donde actúa con -1

- El estado de oxidación del oxígeno, siempre será -2, excepto en los peróxidos donde actúa con -1

- La suma de los estados de oxidación de los elementos de un compuesto siempre es igual a cero, es decir, todo compuesto es eléctricamente neutro

Ejemplos: Hallar el número de oxidación del carbono en el carbonato de calcio ($CaCO_3$) y del cromo en el ion Dicromato $Cr_2O_7^{-2}$.

$CaCO_3$

$$Ca \quad C \quad O_3$$
$$(+2) + (X) + 3(-2) = 0$$
$$2 + (X) - 6 = 0$$
$$X = +4$$

$Cr_2\ O_7^{-2}$

$$Cr_2 \qquad O_7^{-2}$$
$$2\,(X) + 7(-2) = -2$$
$$2\,(X) - 14 = -2$$
$$2(X) = 12$$
$$X = +6$$

Agente oxidante

Se define como agente oxidante a la sustancia que es responsable de la oxidación, es decir, a la sustancia que se reduce. El agente oxidante es la sustancia que se reduce

Agente reductor

Se define como agente reductor a la sustancia que es responsable de la reducción, es decir, a la sustancia que se oxida. El agente reductor es la sustancia que se oxida.

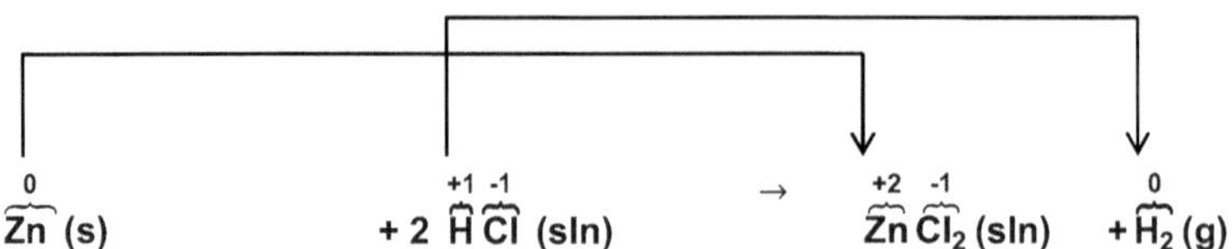

El Zn se **oxida,** incrementa su número de oxidación de 0 a +2	El hidrógeno se **reduce** disminuyendo su número de oxidación de +1 a 0
El Zn es el **agente reductor**, porque favorece la reducción, es decir, la ganancia de electrones; al ser él quien se oxida produciendo los electrones necesarios para el hidrógeno	El H es el **agente oxidante,** porque favorece la oxidación, es decir la producción de electrones; al ser él quien gana los electrones que el Zn produjo

Ing. Mayorga-Román. M.G.   Dr. Pérez-Betancourt Y.

IGUALACIÓN DE ECUACIONES QUÍMICAS

CN.Q.5.1.14. Comparar los tipos de reacciones químicas: combinación, descomposición, desplazamiento, exotérmicas y endotérmicas, partiendo de la experimentación, análisis e interpretación de los datos registrados y la complementación de información bibliográfica y procedente de las TIC.

Considerando la ley de la conservación de la materia, toda reacción química se representa por medio de una ecuación química, en la que se observa la misma cantidad de moles de elementos del lado de reactivo y productos, para lograr la igualdad se puede utilizar diferentes métodos: al tanteo, algebraico, número de oxidación y ion electrón. En cualquiera de los métodos se sugiere que el orden para igualar las especies químicas sea según el caso.

a. sustancia oxidada y reducida
b. metales
c. no metales
d. oxígeno
e. hidrógeno

Método del tanteo

Consiste en buscar números de forma aleatoria que permitan tener la misma cantidad de moles de elementos del lado de reactivos y productos. Se utiliza en ecuaciones químicas   sencillas. Ejemplo:

$$H_3PO_4 + NaOH = Na_3PO_4 + H_2O$$

En este caso se inicia por igualar el metal sodio, será suficiente colocar un coeficiente 3 delante del hidróxido de sodio.

$$H_3PO_4 + \mathbf{3}\ NaOH = Na_3PO_4 + H_2O$$

Seguido se iguala el no metal fosforo, mismo que en este caso se halla ya igualado.

$$H_3PO_4 + \mathbf{3}\ NaOH = Na_3PO_4 + H_2O$$

El siguiente elemento a igualarse es el oxígeno, existen 4 oxígenos en el ácido fosfórico y 3 en el hidróxido de sodio, a la derecha existen 4 oxígenos en el fosfato de sodio y tan solo 1 en el agua; será suficiente añadir un coeficiente 3 delante del agua

$$H_3PO_4 + \mathbf{3}\ NaOH = Na_3PO_4 + \mathbf{3}\ H_2O$$

Los hidrógenos se igualan al final, en este caso en ambos lados de la ecuación existen 6 hidrógenos.

Método algebraico

El método algebraico consiste en plantear tantas ecuaciones numéricas como elementos químicos tenga la ecuación química, al tener la misma cantidad de ecuaciones e incógnitas, será necesario adjudicar a una de las incógnitas un valor, se sugiere que sea el número 1. Finalmente se resuelve el sistema de ecuaciones formado. Ejemplo:

Difosfuro de tetrahidrógeno = Fosfamina + Tetrafosfuro de Dihidrógeno
$$H_4P_2 = PH_3 + H_2P_4$$

a. Colocar letras mayúsculas que representarán los   coeficientes numéricos que permitan igualar la ecuación
$$\mathbf{A}\ H_4P_2 = \mathbf{B}\ PH_3 + \mathbf{C}\ H_2P_4$$

b. Establecer tantas ecuaciones como elementos químicos tenga la ecuación

Para el hidrógeno:
$$4A = 3B + 2C \quad (\text{ecuación 1})$$

Para el fosforo:
$$2A = B + 4C \quad (\text{ecuación 2})$$

c. Asignar $\mathbf{A = 1}$

d. Resolver el sistema de ecuaciones
$$4(1) = 3B + 2C \quad (\text{ecuación 1})$$
$$2(1) = B + 4C \quad (\text{ecuación 2})$$
De la ecuación (2), queda (3)
$$B = 2 - 4C$$
(3) se reemplaza en (1)
$$4 - 3(2-4C) = 2C$$
$$4 - 6 + 12C = 2C$$
$$-2 = -10\,C$$
$$C = \frac{1}{5}$$
$$B = 2 - 4\left(\frac{1}{5}\right)$$

158

$$B= \frac{10-4}{5}$$

$$\mathbf{B=} \frac{\mathbf{6}}{\mathbf{5}}$$

e. Reemplazar los coeficientes

$$1\ H_4P_2 = \frac{6}{5}\ PH_3 + \frac{1}{5}\ H_2P_4$$

f. Multiplicar toda la ecuación por 5 para eliminar los denominadores

$$\mathbf{5}\ H_4P_2 = \mathbf{6}\ PH_3 + \mathbf{1}\ H_2P_4$$

Método del número de oxidación

El método del número de oxidación, se caracteriza al trabajar con los estados de oxidación de los elementos que sufren cambio en su número de oxidación. El procedimiento consiste en:

a. Escribir la ecuación química.

b. Identificar los elementos químicos que se han oxidado y reducido; un cambio en el nombre del elemento o compuesto al pasar de reactivos a productos, un cambio en la posición del elemento al pasar de reactivos a productos, cuando en un lado de la ecuación se encuentra un elemento combinado y al otro lado de la reacción aparece en estado libre, son algunas características de los elementos que han sufrido cambio en el estado de oxidación, es decir, oxidación, reducción.

c. Escribir las semi reacciones de óxido-reducción.

d. Calcular la cantidad de moles de electrones que se producen y se consumen, respectivamente, en cada semi reacción. La cantidad de electrones se obtendrá previa igualación al tanteo de las moles de elementos, si fuese el caso.

e. Igualar la cantidad de electrones producidas y consumidas, utilizando números que multiplicados por cada una de las semi reacciones permitan la igualdad.

f. Los coeficientes numéricos resultantes del paso anterior deben ser transcritos a la ecuación original, completando la igualación al tanteo de las demás especies químicas presentes, siguiendo el orden sugerido al inicio del tema igualación de ecuaciones químicas.

Ejemplo:

a. Sulfuro arsénico + ácido nítrico = ácido arsénico + ácido sulfúrico + dióxido de nitrógeno + agua.

$$As_2S_5 + HNO_3= H_3AsO4 + H_2SO_4 + NO_2 + H_2O$$

b. El nombre de los elementos o compuestos químicos indican que el estado de oxidación ha sufrido un cambio. De sulfuro **arsénico** ha cambiado a ácido **sulfúrico**, de ácido **nítrico** ha cambiado a dióxido de **nitrógeno.**

c. Reacción de oxidación: $S_5^{-2} \rightarrow S^{+6}$

   Reacción de reducción: $N^{+5} \rightarrow N^{+4}$

d. Reacción de oxidación: $S_5^{-2} \textbf{- 40e}^- \rightarrow \textbf{5S}^{+6}$

   Reacción de reducción: $N^{+5}\textbf{+1e}^- \rightarrow N^{+4}$

e. Reacción de oxidación: $\left(S_5^{-2}\textbf{- 40e}^- \rightarrow \textbf{5S}^{+6}\right)\textbf{*1}$

   Reacción de reducción: $\left(N^{+5}\textbf{+1e}^- \rightarrow N^{+4}\right)\textbf{*40}$

   Reacción de oxidación: $\left(S_5^{-2}\textbf{- 40e}^- \rightarrow \textbf{5S}^{+6}\right)$

   Reacción de reducción: $\left(\textbf{40 } N^{+5}\textbf{+40e}^- \rightarrow \textbf{ 40 } N^{+4}\right)$

f. $\qquad As_2S_5 + \textbf{40 } HNO_3= H_3AsO4 + \textbf{5 } H_2SO_4 + \textbf{40 } NO_2 + H_2O$

$$As_2S_5 + \textbf{40 } HNO_3 = \textbf{2 } H_3AsO4 + \textbf{5 } H_2SO_4 + \textbf{40 } NO_2 + \textbf{12 } H_2O$$

Método del ion electrón

El método del ion electrón, se caracteriza al trabajar con los iones procedentes de la disociación de sales, ácidos y bases, cuando está presente un compuesto químico que se oxida o reduce y éste no corresponde a uno de los tres tipos de sustancias mencionadas, se trabaja con todo el compuesto, considerando que es eléctricamente neutro, es decir, cero.

Disociación de ácidos, bases y sales

Los ácidos, bases y sales son compuestos que debido a las fuerzas electrostáticas que mantienen unidos a sus componentes, se disocian en su gran mayoría en agua, produciendo iones, especies con carga eléctrica.

Ing. Mayorga-Román. M.G. Dr. Pérez-Betancourt Y.

El método del ion electrón se basa en esta propiedad para igualar una ecuación química. La propiedad de disociación en iones se analiza con mayor detenimiento en el capítulo de ácidos y bases.

$$HCl= H^{+1}+ Cl^{-1}$$
$$H_2SO_4= 2\ H^{+1}+ SO_4^{-2}$$
$$Ca(OH)_2= Ca^{+2}+2\ (OH)^{-1}$$
$$Al_2(SO_4)_3= 2\ Al^{+3}+3\ SO_4^{-2}$$

$$HCl\ (sln)+NaOH\ (sln) \rightarrow NaCl(sln)+ H_2O \quad \text{ecuación molecular}$$
$$H^+ + Cl^- + Na^+ +(OH)^- \rightarrow Na^+ +Cl^- + H_2O \quad \text{ecuación iónica}$$

El procedimiento para igualar una ecuación por el método del ion electrón, dependiendo si el medio es ácido o básico, consiste en:

a. Escribir la ecuación química
b. Identificar los compuestos químicos que se han oxidado y reducido; un cambio en el nombre del elemento o compuesto al pasar de reactivos a productos, un cambio en la posición del elemento al pasar de reactivos a productos, cuando en un lado de la ecuación se encuentra un elemento combinado y al otro lado de la reacción aparece en estado libre, son algunas características de los elementos que han sufrido cambio en el estado de oxidación, es decir, oxidación, reducción.
c. Sustraer los iones
d. Escribir las semi reacciones de óxido-reducción
e. Igualar al tanteo los elementos químicos diferentes al oxígeno e hidrógeno
f. Igualar los oxígenos, añadiendo tantas moles de aguas como oxígenos haga falta
g. Igualar los hidrógenos, añadiendo tantos protones (H^{+1}), como hidrógenos haga falta
h. Sumar a cada lado de cada una de las semi reacciones, la cantidad de carga total existente
i. Restar la carga total del lado izquierdo de la semi reacción de la carga total del lado derecha de cada semi reacción, para obtener la cantidad de electrones producidos y consumidos, respectivamente, en cada semi reacción. La cantidad de electrones se obtendrá previa igualación al tanteo de las moles de elementos, si fuese el caso.

j. Igualar la cantidad de electrones producidas y consumidas, utilizando números que multiplicados por cada una de las semi reacciones permitan la igualdad.

k. Los coeficientes numéricos resultantes del paso anterior deben ser transcritos a la ecuación original, completando la igualación al tanteo de las demás especies químicas presentes, siguiendo el orden sugerido al inicio del tema igualación de ecuaciones químicas.

l. Si el medio es básico al final de los pasos anteriores se añade tantos oxhidrilos $(OH)^{-1}$, como iones hidrógeno (H^{+1}) haya, considerar que la añadidura de oxhidrilos produce moles de agua, en algunos casos será necesario restar esta cantidad de reactivos o de productos según sea el caso, esto se explica en el ejercicio desarrollado.

Ejemplo en medio ácido:

a. Cloruro ferroso + Dicromato de potasio + Ácido clorhídrico = Cloruro crómico + Cloruro Férrico + Cloruro de potasio + Agua

$$FeCl_2 + K_2Cr_2O_7 + HCl = CrCl_3 + FeCl_3 + KCl + H_2O$$

b. El hierro de cloruro **ferroso** ha cambiado a cloruro **férrico**; el cromo de **Dicromato** de potasio ha cambiado a cloruro **crómico**, además se puede observar que el cromo estaba en el centro del dicromato de potasio y en el cloruro crómico se encuentra al extremo, situación que ayuda a identificar que el elemento químico ha sufrido un cambio en su estado de oxidación, Las demás especies químicas han conservado su estado de oxidación

c. $FeCl_2 = \mathbf{Fe^{+2}} + 2\ Cl^{-1}$

   $FeCl_3 = \mathbf{Fe^{+3}} + 3\ Cl^{-1}$

   $K_2Cr_2O_7 = 2K^{+1} + \mathbf{(Cr_2O_7)^{-2}}$

   $CrCl_3 = \mathbf{Cr^{+3}} + 3\ Cl^{-1}$

d. semi reacción de oxidación $Fe^{+2} = Fe^{+3}$

   semi reacción de reducción $(Cr_2O_7)^{-2} = Cr^{+3}$

e. oxidación $Fe^{+2} = Fe^{+3}$

   reducción $(Cr_2O_7)^{-2} = \mathbf{2}\ Cr^{+3}$

f. oxidación $Fe^{+2} = Fe^{+3}$

Ing. Mayorga-Román. M.G.   Dr. Pérez-Betancourt Y.

reducción $(Cr_2O_7)^{-2}$ = **2 Cr^{+3} + 7 H_2O**

g. oxidación Fe^{+2} = Fe^{+3}

reducción **14 H^{+1}** + $(Cr_2O_7)^{-2}$ = **2 Cr^{+3} + 7 H_2O**

h.

Semi reacción de oxidación

2^+ 3^+

Fe^{+2} $\longrightarrow$ Fe^{+3}

Semi reacción de reducción

12^+ 6^+

$14 H^{+1} + (Cr_2O_7)^{-2} \longrightarrow 2 Cr^{+3} + 7(H_2O)^0$

i.

Semi reacción de oxidación

2^+ $(2+) - (3+) = \mathbf{-1e^-}$ 3^+

Fe^{+2} $\xrightarrow{\hspace{2cm}}$ Fe^{+3}

Semi reacción de reducción

12^+ $(12+) - (6+) = \mathbf{+ 6\ e^-}$ 6^+

$14 H^{+1} + (Cr_2O_7)^{-2}$ $\xrightarrow{\hspace{2cm}}$ $2 Cr^{+3} + 7(H_2O)^0$

j.

Semi reacción de oxidación

$\left\{ \begin{matrix} 2^+ \\ Fe^{+2} \end{matrix} \right.$ $(2+) - (3+) = \mathbf{-1e^-}$ $\left. \begin{matrix} 3^+ \\ Fe^{+3} \end{matrix} \right\}$ * 6

Semi reacción de reducción

$\left\{ \begin{matrix} 12^+ \\ 14 H^{+1} + (Cr_2O_7)^{-2} \end{matrix} \right.$ $(12+) - (6+) = \mathbf{+ 6\ e^-}$ $\left. \begin{matrix} 6^+ \\ 2 Cr^{+3} + 7(H_2O)^0 \end{matrix} \right\}$ *1

k.

Semi reacción de oxidación

$\mathbf{-6e^-}$

6 Fe^{+2} $\xrightarrow{\hspace{2cm}}$ **6** Fe^{+3}

Semi reacción de reducción

$\mathbf{+ 6\ e^-}$

14 H^{+1} + **1** $(Cr_2O_7)^-_2$ $\xrightarrow{\hspace{2cm}}$ **2** Cr^{+3} + **7** $(H_2O)^0$

163

$$6\ FeCl_2 + 1K_2Cr_2O_7 + 14\ HCl = 2\ CrCl_3 + 6\ FeCl_3 + 2\ KCl + 7H_2O$$

Ejemplo en medio básico:

En el siguiente ejercicio se desarrolla de forma simplificada hasta el literal k del procedimiento descrito en medio ácido y se hace énfasis en el último paso donde se añade oxhidrilos y que se mencionó en el literal l.
Se escribe la ecuación química y desarrolla hasta el literal k

Oxido de bismuto + Hidróxido de sodio+ Hipoclorito de sodio = Metabismutato de sodio + Cloruro de sodio + Agua

$$Bi_2O_3 + Na(OH) + NaClO = NaBiO_3 + NaCl + H_2O$$

semi reacción de oxidación $\left\{ 3\ H_2O + Bi_2O_3 \xrightarrow{-4e^-} 2\ (BiO_3)^{-1} + 6\ H^{+1} \right\} *1$

semi reacción de reducción $\left\{ 2\ H^{+1} + (ClO)^{-1} \xrightarrow{+2\,e^-} (Cl)^{-1} + H_2O \right\} *2$

semi reacción de oxidación $\left\{ 3\ H_2O + Bi_2O_3 \xrightarrow{-4e^-} 2\ (BiO_3)^{-1} + 6\ H^{+1} \right\}$

semi reacción de reducción $\left\{ 4\ H^{+1} + 2\ (ClO)^{-1} \xrightarrow{+4\,e^-} 2\ (Cl)^{-1} + 2\ H_2O \right\}$

Como se puede observar a cada lado de las semi reacciones aparecen moles de agua y moles de protones, por lo que se procede a eliminar las aguas y protones excedentes

semi reacción de oxidación $\left\{ 3\ H_2O + Bi_2O_3 \xrightarrow{-4e^-} 2\ (BiO_3)^{-1} + 6\ H^{+1} \right\}$

semi reacción de reducción $\left\{ 4\ H^{+1} + 2\ (ClO)^{-1} \xrightarrow{+4\,e^-} 2\ (Cl)^{-1} + 2\ H_2O \right\}$

La ecuación final quedaría

$$H_2O + Bi_2O_3 + 2(ClO)^{-1} = 2\ (BiO_3)^{-1} + 2\ Cl^{-1} + 2H^{+1}$$

Hasta aquí se ha procedido de la misma forma utilizada para el medio ácido.

Ing. Mayorga-Román. M.G.   Dr. Pérez-Betancourt Y.

Para finalizar es necesario añadir a ambos lados de la ecuación, tantos $(OH)^{-1}$, como H^{+1}, haya, la adición dará como resultado la formación de moles de aguas, debiendo restarse en ambos lados de la ecuación

$$2\,(OH)^{-1} + H_2O + Bi_2O_3 + 2(ClO)^{-1} = 2\,(BiO_3)^{-1} + 2\,Cl^{-1} + 2H^{+1} + 2\,(OH)^{-1}$$

$$2\ H_2O$$

$$2\,(OH)^{-1} + H_2O + Bi_2O_3 + 2(ClO)^{-1} = 2\,(BiO_3)^{-1} + 2\,Cl^{-1} + 2H^{+1} + 2\,(OH)^{-1}$$

$$2\ H_2O$$

Al final transcribimos los coeficientes a la ecuación original

$$\mathbf{1}\ Bi_2O_3 + \mathbf{2}\ Na(OH) + \mathbf{2}\ NaClO = \mathbf{2}\ NaBiO_3 + \mathbf{2}\ NaCl + \mathbf{1}\ H_2O$$

Ejercicios resueltos de igualación de ecuaciones químicas

1. Permanganato de   potasio + Ácido clorhídrico = Cloruro de potasio + Cloruro manganoso + Cloro (gas) + Agua

$$KMnO_4 + HCl = KCl + MnCl_2 + Cl_2 + H_2O$$

$$\left[2Cl^{-1} \xrightarrow{-2e^-} Cl_2^0\right] * 5$$

$$\left[8H^{+1}\ (MnO_4)^{-1} \xrightarrow{+5\,e^-} Mn^{+2} + 4H_2O\right] * 2$$

$$\left[10\ Cl^{-1} \xrightarrow{-10e^-} 5\ Cl_2^0\right]$$

$$\left[16H^{+1}\ 2(MnO_4)^{-1} \xrightarrow{+10\,e^-} 2\ Mn^{+2} + 8H_2O\right]$$

$$\mathbf{2}\ KMnO_4 + \mathbf{16}\ HCl = \mathbf{2}\ KCl + \mathbf{2}\ MnCl_2 + \mathbf{5}\ Cl_2 + \mathbf{8}\ H_2O$$

2. Permanganato de potasio + Bromuro de Bismuto + ácido sulfúrico = Bromo + Sulfato manganoso + Sulfato de Bismuto + Sulfato de potasio + Agua

$$KMnO_4 + BIBr_3 + H_2SO_4 = Br_2 + MnSO_4 + Bi_2(SO_4)_3 + K_2SO_4 + H_2O$$

$$\left[2\ Br_3^{-1} \xrightarrow{-6\,e^-} 3\ Br_2^0\right] * 5$$

$$\left[8H^{+1} \quad (MnO_4)^{-1} \quad \xrightarrow{+5\,e^-} \quad Mn^{+2}+4H_2O \right] *6$$

$$\left[10\,Br_3^{-1} \quad \xrightarrow{-30\,e^-} \quad 15\,Br_2^{0} \right]$$

$$\left[48\,H^{+1} \quad 6\,(MnO_4)^{-1} \quad \xrightarrow{+30\,e^-} \quad 6\,Mn^{+2}+24\,H_2O \right]$$

$$6KMnO_4 + 10BiBr_3 + 24H_2SO_4 = 15Br_2 + 6MnSO_4 + 5Bi_2(SO_4)_3 + 3K_2SO_4 + 24H_2O$$

Aprendizaje autónomo

1. Cloruro ferroso + Peróxido de hidrógeno + Ácido clorhídrico = Cloruro férrico + agua
2. Dicromato de potasio + Cloruro de bario + Ácido sulfúrico = Cloro (gas) + Sulfato crómico + Sulfato de Bario + Sulfato de potasio + Agua
3. Cloruro de Bario + óxido plúmbico + Ácido sulfúrico = Cloro (gas) + Sulfato Plumboso + Sulfato de Bario + Agua
4. Clorato de potasio + Ácido sulfúrico = Sulfato ácido de potasio + Oxígeno +Dióxido de cloro + Agua
5. Óxido de bismuto + Hidróxido de sodio + Hipoclorito de sodio = Metabismutato de sodio + Cloruro de sodio + Agua
6. Arsenito ácido de sodio + Bromato de potasio + ácido clorhídrico = Cloruro de sodio + Bromuro de potasio + Ácido arsénico
7. Anhídrido manganoso + Cloruro de calcio+ Ácido fosfórico = Cloro (g) +Fosfato manganoso + Fosfato de calcio + Agua
8. Iodato de sodio + Sulfito de sodio + Sulfito ácido de sodio = Iodo (g) + Sulfato de sodio + Agua
9. Permanganato de potasio + Ácido sulfúrico + Peróxido de hidrógeno = Oxígeno + Sulfato manganoso + Sulfato de potasio + Agua.
10. Bromuro de aluminio + Dicromato de Calcio + Ácido fosfórico = Bromo + Fosfato crómico + Fosfato de calcio + Fosfato de aluminio + Agua.

Ing. Mayorga-Román. M.G.   Dr. Pérez-Betancourt Y.

Bibliografía

Bonet García, J. (s. f.). *Concepciones alternativas de alumnos de educación secundaria sobre el enlace químico*.

Bonilla, M. A. S. (2020). *La enseñanza de la química basada en contexto como elemento motivador en el Laboratorio de Química General I: un estudio de caso a nivel universitario*. University of Puerto Rico, Rio Piedras (Puerto Rico).

Briand, L. E., & Vetere, V. (2022). Estructura y geometría molecular. *Libros de Cátedra*.

Goya, P., Román, P., & Elguero, J. (2019). *La tabla periódica de los elementos químicos*. Los libros de la catarata.

Item 29 | Ciencias Secundaria. (s. f.). Recuperado 4 de octubre de 2024, de https://dgec.mep.go.cr/PRACTICAS_SECUNDARIA/CIENCIAS/item_29.html

Labarca, M., Quintanilla-Gatica, M. R., & Izquierdo-Aymerich, M. (2022). El problema del grupo 3 de la Tabla Periódica: Su enseñanza mediante la argumentación y la explicación científica: Primera parte. *Ciência & Educação (Bauru)*, *28*, e22013.

Lopez-Tolentino, M. (2022). Clasificación de enlaces químicos. *Vida Científica Boletín Científico de la Escuela Preparatoria No. 4*, *10*(20), 32-34.

OEA. (2018, febrero 16). *ESTRUCTURA ATÓMICA*. Centro de Recursos para Docentes de la RIED. https://n9.cl/wqi0w

Rivera, J. M. T. (2020). *Historia de la tabla periódica de los elementos químicos*. 5(2), 241-259.

Whitten, K. (2014). *Química*. Química. https://acortar.link/K0AG6z

Ing. Mayorga-Román. M.G. Dr. Pérez-Betancourt Y.

I want morebooks!

Buy your books fast and straightforward online - at one of world's fastest growing online book stores! Environmentally sound due to Print-on-Demand technologies.

Buy your books online at
www.morebooks.shop

¡Compre sus libros rápido y directo en internet, en una de las librerías en línea con mayor crecimiento en el mundo! Producción que protege el medio ambiente a través de las tecnologías de impresión bajo demanda.

Compre sus libros online en
www.morebooks.shop

Printed by Books on Demand GmbH, Norderstedt / Germany